AF391406

L'ALFA

TRAITÉ

sur

L'EXPLOITATION DE L'ALFA

En Algérie

PAR

Ch. LANNES de MONTEBELLO

Uti non abuti

MÉMOIRE PRIMÉ

A la suite des Concours pour l'attribution d'un Prix
au meilleur Traité
sur l'Exploitation de l'Alfa en Algérie

(Arrêtes du Gouverneur général de l'Algérie en date du 22 janvier, du 28 juillet 1885 et du 29 juin 1887)

SAINTES

Imprimerie P. Orliaguet, quai de la République, rue des Iles et rue des Herbes
—
1893

L'ALFA

Chapitre I

Végétation

ARTICLE 1er

(1) Sparte. — Esparto grass, en anglais.

—————

1. — L'alfa (Stipatenacissima de Linné) est une graminée (famille des végétaux endogènes ou monocotilédones) de la tribu des Stipacées.

2. — Cette graminée herbacée et vivace présente un rhizome à racines fibreuses; souvent ce rhizome s'étend à la superficie du sol auquel il se fixe successivement au moyen de racines adventives aériennes.

3. — Les rhizomes donnent naissance chaque année à de nouvelles tiges à feuilles engainantes et rameaux florifères (1) (épis).

Les tiges stipées sont cylindriques et simples.

4. — Les feuilles naissent autour du nœud en formant la graine, dont les bords sont appliqués l'un sur l'autre, mais non soudés entre eux.

De la partie supérieure de la graine part le limbe, étroit, allongé et à nervures parallèles, dont la base (queue ou ongle) se recourbe dans la tige, quand la feuille est à maturité et devient alors ligneuse et très coriace (2).

(1) Vers le milieu d'avril, la racine enfouie dans le sol a donné naissance à des tiges mères, à 5 ou 6 graines s'élèvent de 15 à 20 centimètres au-dessus du sol, et recelant le produit de l'année d'... et le... niveau qui varie notablement entre 5 et 6 milles, suivant le nombre de graines portées par la tige mère. (Histoire d'une botte d'alfa par H. Jus...)

(2) Cette base n'a pr... tout à fait la même forme dans l'alfa d'Espagne où elle est moins coriace.

La feuille commence à pousser de février à mars ; elle est d'abord plane et tendre, très chargée de chlorophylle verte comme du gazon, mais quand elle approche de sa maturité de juin à juillet (suivant les régions), elle prend déjà, en passant au vert blanchâtre, la forme d'une petite tige presque cylindrique, lisse, à extrémité supérieure pointue et ressemble alors beaucoup à un jonc ordinaire : mais cette tige, étudiée de près, n'est pas tout à fait fermée : la feuille s'est enroulée et les deux moitiés, repliées sur elles-mêmes, se rapprochent à tel point qu'on n'aperçoit pas la jointure. La feuille ainsi enroulée est dure et paraît tout à fait pleine, l'intérieur en est garni d'un bout à l'autre de nervures saillantes et veloutées ; elle est alors très tenace. — En automne (octobre), à la reprise de la végétation, la feuille qui était devenue ronde en été s'ouvre de nouveau, mais peu sensiblement.

Son diamètre moyen, quand elle est mûre, varie de 0,001? à 0,0015, sa hauteur de 0,35 à 0,?0 et son poids de 0 gr. 35 à 1 gr. 35, suivant la qualité (1).

5. — La feuille de l'alfa est formée de faisceaux fibres (pleurenchyme) se prolongeant en [illegible] dans toute sa longueur et lui donnant sa grande ténacité. C'est ce qui constitue les propriétés textiles de la plante. Les fibres de l'alfa sont cylindriques, lisses, pleines, très tenaces, solides, uniformes, à pointes ordinairement bifurquées.

6. — La feuille est persistante (2).

Elle est enveloppée d'un vernis, lisse, imprégnée de

(1) Il existe, en Algérie, dans les sables, des alfas d'un diamètre de plus de [illegible] pour hauteur [illegible] s'appellent à 2 m. [illegible].

(2) Dans les [illegible] ou d'[illegible], les feuilles, dès la première [illegible] se [illegible] et tombent en [illegible]. Quand la plante est vigoureuse, les feuilles persistent plusieurs [illegible].

parenchyme (cellulose) qui constitue tout le tissu formé
entre les fibres ; à ce parenchyme se trouvent incorporées
diverses substances, notamment des gommes-résines
(résinoïdes), de la silice, etc., (1) qui donnent à la plante sa résistance et sa rigidité.

Le vernis extérieur, presque imperméable à l'eau, est
excrété transudantiellement par la feuille, qu'il protège
et dont il prolonge la vie au-delà d'une année et même
jusqu'après 3 années, quand la plante est saine et vigoureuse; il retarde les effets des pluies et de l'humidité qui
finissent par rouir et décomposer le textile, et il modère
aussi l'évaporation végétale qui dessécherait la feuille
dès le premier été, cette action, à cette saison, devenant
plus vive que celle de la sève ascendante.

De même que ce vernis, les résinoïdes conservent les
fibres qui sont la partie utile, la chose industrielle de
l'alfa.

Nous verrons, au chapitre III, combien ces matières, si
utiles à la plante, rendent difficiles et coûteuses les
applications industrielles.

7. — C'est au bout d'une année que les feuilles ont acquis

(1) Protophasme, scléragène, huiles, résines. taunates, silice, soufre phosphore, potasse, soude, chaux, fer, etc.

(Cendres très riches en silice et potasse).
Composition chimique de la feuille d'alfa d'a-
près le docteur Seeman.

Matière colora. jaune.	12	»
rouge.	6	»
comme résine......	7	»
sels divers........	1	5
fibres ligneuses.....	73	5
	100	0

Nos propres expériences ont donné le résultat suivant :

Substances grasses, gommeuses, résineuses, sucrées..	28	»	à 30	»
Matières minérales	5	50	à 7	50
Eau..............................	8	50	à 9	60
Fibre ou cellulose...	28	»	à 58	»
	100	00	100	00

toute leur valeur marchande, valeur déjà presque suffisante, 4 ou 5 mois après leur naissance (juin-juillet),
quand elles ont à peu près cessé de croître et qu'elles
semblent mûres (1) ; elles ont encore une valeur satisfai-
santes plus d'un an après cette maturité. Mais à partir
du second été (quelquefois plus tôt, quand la plante est
en dépérissement), la feuille se détériore ordinairement
très vite et elle perd toute valeur après s'être peu à
peu chargée de carbone ; ses vaisseaux et son parenchyme se sont graduellement obstrués et séchés, de sorte
que la force absorbante de ses organes a diminué progressivement ; alors l'ascension de la sève devenant de
plus en plus faible, les pointes des feuilles se décompo-
sent et noircissent, la feuille se tache, son vernis disparaît, elle rouit, prend une teinte grisâtre, puis elle s'in-
cline et tombe en laissant presque à nu ses fibres qui
à la longue sont elles-mêmes décomposées.

8. — Les rameaux florifères (épis) sortant de la gaine
avec les feuilles (février-mars) s'épanouissent de juin à
juillet, et leurs fleurs dépassant les extrémités des feuilles produisent la graine (2).

Les fleurs forment d'abord un premier ordre d'inflo-
rescence nommé épillet et ces épillets uniflores se dis-
posent de manière à former un épi (3).

9. — La graine est très petite, très légère : c'est le vent
qui la sème (4).

(1) Vers juillet, époque de la chute de la graine : il faut ensuite au moins un
mois pour que la plante puisse atteindre un degré de maturité convenable.
« Cette maturité se reconnaît à une petite courbe légèrement velue qui se forme
» à la base de la feuille, et appelée ûna (ongle). » (Bastide.)

(2) Ils atteignent jusqu'à 1 m. 30 et 1 m. 50 de haut.

(3) Paillette inférieure involutée, aristée au sommet, arête simple tordue à la
base, ovaire stipité.

(4) « Cette graine a l'apparence de celle de l'avoine sauvage, quoique beau-
» coup plus petite et plus légère (350 graines pèsent en moyenne un gramme). »
(Histoire d'une botte d'alfa, par H. Jus.)

10. — L'alfa forme, comme les joncs, des touffes (1) plus ou moins volumineuses et denses, suivant la vigueur de la plante et l'âge de la souche (2).

11. — Une touffe vierge contient des feuilles de différents âges. Parmi celles qui, vertes et rigides, percent le panache retombant des feuilles mortes, nous avons compté, en avril, par exemple : 25 de jeunes feuilles, encore très courtes et plates, presque cachées à cette époque par les feuilles cylindriques et beaucoup plus longues des années précédentes (3) ; 25 de feuilles mûres de un an à 15 mois ; 15 de feuilles plus âgées et déjà en partie avariées, mais qui se tiennent encore debout.

Quant aux anciennes feuilles plus ou moins décomposées, qui se sont inclinées ou se sont affaissées sur le pied, leur proportion est très grande dans les alfas vierges : ces feuilles, avant leur décomposition totale, persistent longtemps en conservant leur structure fibreuse et forment sur la souche un feutrage serré où l'on trouve au moins dix feuilles séchées pour une verte, peut-être même bien davantage.

Dans ce feutrage, toujours entretenu, les feuilles mortes, en pourrissant sur des monceaux déjà pourris, finissent par se transformer en humus, ainsi que les trop vieilles racines et les tiges décomposées.

Ces amas, avec les sables apportés par le vent, ces

(1) « Une fois en pleine production et sagement exploité le sparte peut durer » vraisemblablement de 50 à 60 ans » (R. Johnston).

(2) Le diamètre des touffes varie de 0,05 à plus de 0,50 suivant l'âge et la vigueur de la plante. On attribue à une touffe de 0,50 de diamètre un âge d'au moins 12 ans, dit-on ; mais il est très difficile, pour ne pas dire impossible, de déterminer l'âge d'une touffe d'alfa depuis le moment où la tige a germé dans un bois exploité en taillis peut-être ; l'âge des rejets n'indique pas l'âge des souches dont ils proviennent.

(3) A ce moment précis on pourrait avec des précautions arracher les anciennes feuilles sans enlever les nouvelles.

détritus qui s'accumulent sur la souche, en s'entassant les uns sur les autres, formant un exhaussement, ensevelissent, étouffent les germes à éclore et deviennent ainsi un obstacle à la végétation de l'alfa vers le centre de la souche, quand celle-ci est ancienne.

12. — La couche augmente de volume, les parties vertes de la plante cherchent l'air et la lumière, les racines adventives, qui s'enfoncent à de faibles profondeurs, s'étendent vers la périphérie en demandant de la nourriture au sol et la touffe se développe annuellement avec la formation de nouveaux drageons.

Les parties centrales, s'étouffant, s'atrophiant à la longue et mourant, il en résulte que la touffe, en vieillissant, devient de plus en plus maigre vers le centre; il arrive que la plante finit quelquefois par se diviser, par une sorte de marcottage naturel, en un certain nombre d'individus libres formant souches nouvelles (1) en dehors et à une certaine distance de la souche primitive, c'est-à-dire du point où la plante a commencé à vivre en germant.

Les semis naturels paraissent être très rares. Dans le département de Constantine, on croit avoir remarqué que les graines poussent généralement au milieu des touffes et surtout au centre dégarni des anciennes souches, lorsque les détritus mélangés de terre sableuse y sont suffisamment transformés en humus (2).

Dans le sud Oranais, l'on ne remarque pas ce phénomène; on n'observe guère la germination des graines que sur les anciens chantiers de manipulation d'alfa, où les semences qui se trouvaient dans les déchets rebutés ont été rendues adhérentes au sol par le piétinement des ouvriers et des animaux. Peut-être, cependant, s'en pro-

(1) Les marcottes naturelles finissent par se séparer de la souche mère.
(2) Le piétinement des troupeaux favoriserait ce semis naturel.

duit-il là aussi, à l'ombre des touffes qui ont retenu les graines emportées par le vent.

La graine mûrit le plus habituellement en juin pour tomber en juillet. Quand elle est accueillie par le sol, elle ne montre sa végétation que la deuxième année, dit-on, puis la plante se développe lentement et ne devient exploitable qu'au bout de 12 à 14 ans, quand elle est suffisamment fixée au sol et que sa touffe est assez volumineuse pour permettre l'arrachage dans de bonnes conditions.

13. — Habituellement, sur les hauts plateaux, la végétation printanière commence en mars pour finir en juin. A l'intérieur des touffes, s'élèvent vers avril les tiges à épis fleurissant, vers fin mai et juin : l'alfa semble mûr vers juillet, époque de la chute des graines ; ce n'est qu'un mois après que sa maturité est à peu près complète.

L'action ascendante de la sève fluide nourricier de la plante, s'exerce, comme on le sait, par les feuilles, en conséquence de l'évaporation qui a lieu à leur surface et du vide qui en résulte : cette aspiration augmente donc avec la surface et la température.

C'est au printemps que la force vitale de la plante produit le plus de sève, c'est alors que les parties vertes lui sont plus utiles.

En été les feuilles arrivées à leur croissance entretiennent encore jusqu'à un certain point ce mouvement de sève par leur force d'aspiration, quoique la plante ait accumulé presque en entier sa réserve de carbone. D'autre part, ce mouvement, pendant les grandes chaleurs, se trouve modéré par la forme cylindrique que prennent alors les feuilles en s'enroulant ; il l'est aussi par le vernis qu'elles transsudent, toutes choses qui de plus les protègent contre la sécheresse. Dans les alfas vierges la plante se trouve également abritée par la masse des feuilles sèches plus ou moins décomposées, qui forment sur la souche un feutrage protégeant contre l'ardeur du soleil les bourgeons situés à la base des graines.

En automne, après les premières pluies chaudes, il se produit un nouveau mouvement de sève, et la végétation recommence quoique beaucoup moins activement qu'au printemps ; de nouvelles feuilles surgissent alors, qui, sans vigueur pendant l'hiver, viennent faire nombre avec celles du printemps suivant.

En hiver, les feuilles ont encore une certaine action et la végétation ne cesse pas complètement, de sorte que la sève ne s'arrête jamais dans l'alfa, comme d'ailleurs dans presque toutes les plantes que la nature a destinées à rester vertes en toutes saisons, l'absorption continue de l'acide carbonique de l'air leur étant nécessaire (1).

14. — Si l'alfa était privé trop longtemps et trop souvent de ses feuilles, il est évident qu'il dégénérerait vite et périrait.

Il est certain qu'il souffre chaque fois qu'il les perd artificiellement (2). Il n'est pas comparable, sous ce rapport, à certaines herbacées, comme celles qui composent les prairies naturelles, dont les feuilles semblent repousser presque sans cesse et d'autant mieux qu'elles ont été coupées ou broutées plus souvent.

(1) C'est la chlorophylle qui communique aux parties vertes la faculté de décomposer, sous l'influence de la lumière solaire, l'acide carbonique, en retenant le carbone, qui, se fixant dans les tissus végétaux, est nécessaire en toutes saisons à cette sorte de plante qui croît spontanément dans des régions où le soleil joue sans cesse un si grand rôle.

(2) Plus ou moins suivant les saisons. « L'enlèvement des feuilles vertes de « l'alfa avant maturité a les mêmes effets épuisants pour la plante, qu'un « fauchage du gazon au premier printemps ou que l'arrachée des feuilles d'un « arbre en plein été. »

15. — Il existe en Algérie plusieurs espèces ou plutôt qualités d'alfa.

N° 1. — L'alfa des Hauts Plateaux (du Shekhr, Aurès, Bou-Thaleb, etc.), du Hodna et d'une partie du Zahrès (Ouled Naïl), haut de 0,40 à 0,75 ; diamètre de 0,0007 à 0,001 ; les plus forts sont très recherchés pour la sparterie, les plus minces pour la papeterie.

N° 2. — L'alfa du Tell méridional et de la partie N. des Hauts Plateaux, touffes peu larges, mais assez vigoureuses et très appréciées (quand elles ne sont pas étiolées par un abus d'exploitation).

N° 3. — L'alfa des plaines trop peu ondulées du Chott, du Zahrès et d'une partie du Hodna et du Shekir, touffes volumineuses, mais espacées et d'un aspect généralement moins vigoureux qu'en montagne, feuilles plus larges, moins fines, et peut-être moins tenaces et moins recherchées.

N° 4. — L'alfa du Tell septentrional ou maritime (département d'Oran) et en général celui de toutes les zônes où les touffes ont résisté à des exploitations répétées et se trouvent affaiblies (tiges chétives ou étiolées).

Et exceptionnellement :

N° 5. — L'alfa dit du sable (1), extrêmement vigoureux, hauteur dépassant 1 m., atteignant quelquefois 1 m. 50, diamètre moyen 0.002, poids moyen 2 gr. 50. On en trouve notamment aux environs d'El-Kantara (département de Constantine).

N° 6. — L'alfa dit des vanniers, chétif et très mince, haut de 0,25 à 0,40. On le trouve surtout dans le Tell du département de Constantine.

16. — L'alfa a été longtemps confondu avec un autre textile qui lui ressemble beaucoup et qui le vaut indus-

(1) Sable mélangé de calcaire. Dans les Hauts Plateaux où pousse le Chi ou chich, armoise.

triellement (1), le lygeum spartum (albardine) que les indigènes appellent sennagh ou sennera et dont ils font des cordages solides ; de là le nom de sparte ou esparto qu'on donne quelquefois à l'alfa. Feuilles rondes, cannelées, longitudinalement, d'un vert grisâtre, ligule scarieuse à sa base, engaînante, hauteur de 0,50 à 1,30 (suivant les espèces et les qualités), diamètre moyen 0,0009 ; plus rare que l'alfa, mêmes applications, broutage médiocre. Pousse surtout dans la zône des Hauts Plateaux, comme l'alfa, mais dans les parties basses, plates, les sols tourbeux.

Citons enfin le drinn ou aristida pungens, l'alfa du désert, qui a quelque analogie avec l'alfa et qui pousse dans le Sahara où il le remplace. Cette graminée qui croît surtout dans les sables, vient par grosses touffes, hautes et épaisses, tiges noueuses, hauteur 0,60 à 1,50, diamètre moyen 0,0015, poids moyen 1 gr. La paille de drinn constitue un bon fourrage : il pourrait être employé industriellement comme l'alfa et la lygée sparte.

« Cette plante est la providence des sables, son épi
» donne un grain ténu et long que les Arabes nomment
» le loul et que les nomades des régions sablonneuses
» récoltent pour leur propre nourriture. Les Chambaa, les
» Touareg, les Meharza du Gourara, les Kenafoa du
» Touat, etc, récoltent le loul et le mangent faute de
» mieux » (Colonieux) (2).

(1) N'est guère employé que sur place, par les indigènes (cordages, etc.)

(2) Avec le drinn poussent diverses plantes que les Arabes nomment retem, reguig, rega, harti, azel, hallenda, djefaa, arfedj, bagnel, etc., plantes du Sahara.

ARTICLE 2

1.— L'alfa plante spontanée, couvre des espaces considérables dans la partie septentrionale de l'Afrique Maroc,
Algérie, Tunisie, Tripolitaine jusqu'en Egypte) et aussi

dans certaines régions méridionales de l'Europe : en Portugal, en Espagne (1), en Attique (2).

(1) « A l'exception de treize espèces ou variétés nouvelles, toutes les plantes
» du littoral des Syrtes et des régions de l'intérieur, jusqu'au Fezzan, appartien-
» nent à la flore de la Mauritanie, à celle de l'Egypte et de la Sicile, quelques
» végétaux de l'aire italienne, que l'on ne revoit pas en Tunisie, se rencontrent
» dans la Tripolitaine, pays de transition entre le désert et le bassin de la
» Méditerranée.

» Le Tabla..., le soda ou zyzgphus lotus, le lentisque, le pistachier, etc. appar-
» tiennent à la flore spontanée de la Tripolitaine et recouvrent en forêts les pentes
» des collines, le tamaris et le rtem croissent dans les terres basses, les armoises
» ou chi, l'une des plantes préférées des chameaux, poussent en touffes dans les
» steppes pierreuses, un lichen comestible, le lecanora desertorum recouvre çà
» et là les plateaux du désert.

» Les plateaux ont leur végétation de bechna, espèce qui ne diffère pas de
» l'alfa de l'Algérie et qui est exploitée aujourd'hui, comme ce dernier pour la
» fabrication du papier. Les indigènes s'imaginèrent pouvoir se débarrasser de
» leurs maladies en les faisant passer dans une tige d'alfa. On voit parfois
» des chameliers descendre de leur monture pour s'agenouiller au pied d'une touffe
» d'alfa espérant y attacher leurs maux. » (Extrait de la nouvelle géographie
universelle de E. Reclus.)

(2) Notamment dans l'Andalousie, la Marche et les provinces de Murcie et de
Valence (surtout entre Murciédo et Orchuela). « Considérée géographiquement et
» physiquement, l'Espagne tient presque autant de l'Afrique que de l'Europe. On
» ne peut en douter quand, sur la carte de la Méditerranée, à côté des péninsules
» de Grèce et d'Italie on voit celle d'Espagne donner, pour ainsi dire, la main à
» la pointe d'Afrique qui semble n'être que sa continuation malgré le nom et le
» détroit qui les séparent....

» ..... A travers les différences que la religion, le gouvernement et les lois ont
» établies dans les mœurs, dans les coutumes, dans le langage, on voit que les rap-
» ports matériels et terrestres : le sol, les eaux, la culture se retrouvent encore
» les mêmes entre des pays voisins qu'une longue suite d'événements a rendus
» étrangers l'un à l'autre. Ainsi, le même soleil brûlant dévore la Barbarie et
» l'Andalousie, les montagnes dépouillées de forêts n'y amènent plus les nuages
» et les pluies, les plaines et souvent les vallées sont en proie à la sécheresse.
» Partout, il est vrai, où l'art rencontre des eaux fertilisantes il en profite, avec
» un succès prodigieux pour demander des récoltes à la terre. Mais auprès de
» ces riches campagnes, sont des déserts immenses où l'œil se perd et la pensée
» s'attriste en embrassant de toutes parts l'espace aride et solitaire. Quand on
» s'élève sur le sommet de quelques-unes des nombreuses montagnes qui traver-
» sent l'Espagne, on n'aperçoit, sous un ciel presque toujours ardent, que des
» plateaux incultes et des pentes nues dont rien de vivant ne coupe l'uniformité.
» Seulement, au fond des vallées, serpente une rivière ou un ruisseau entouré

Nous n'avons à nous occuper ici que des alfas de l'Algérie, et il nous parait intéressant de donner tout d'abord une description sommaire de ce vaste territoire.

2. — La configuration de l'Algérie (1) présente l'aspect de deux larges sillons qui la traversent du S.-O. au N.-E. sur toute sa longueur. Le massif Tellien (2) et le massif Saharien (3) en forment les parties saillantes, la zône des Hauts Plateaux et celles du Sahara en forment les parties creuses (4).

3. — Le massif Tellien, qui compose le Tell (zône de culture) peut se diviser en plusieurs groupes distincts, quelquefois séparés par de vastes plaines et de grandes vallées, mais tous liés entre eux de façon à former comme un réseau de terres basses et de parties hautes.

Au point de vue de l'alfa, nous partageons ces groupes en deux chaînes à peu près parallèles au littoral.

» d'une lisière de verdure, où l'on suit comme à la trace les moissons, les plan-
» tations et les habitations des hommes... » (Mémoires du maréchal Suchet).

La flore de ces provinces d'Espagne et celle du sud du Portugal est à peu près la même que celle de l'Algérie. On y trouve même de très beaux palmiers et bons dattiers.

(1) Entre 37° et 36° de latitude N., 4° 30 long. E., 7° 3 long. O. Sa limite N. (Méditerranée) descend de l'E. vers 37°, à l'O. 36°, sur une étendue de plus de 1000 kilomètres.

La surface comprend environ 7[illegible] millions d'hectares.

(2) Largeur moyenne du Tell [illegible] kil., surface 13 millions d'hect., entre 36° 15 et 37° 30 de lat. à l'ouest (environs de Nemours et de Sebdou), [illegible] et [illegible] vers le centre (entre Dellis et Aumale sud), 36° 32 et 36 (La Calle et environs de Souk-arras.)

(3) Largeur moyenne des Hauts Plateaux [illegible], surface entre 35° [illegible] à l'ouest, 36° et 35° [illegible] vers le centre, 35 et 35° [illegible] vers l'est (y compris le massif Saharien).

(4)

Tell maritime	[illegible]	[illegible]	[illegible]	[illegible]
Tell mérid. et montagneux	[illegible]	[illegible]	[illegible]	[illegible]
Hauts Plateaux	[illegible]	[illegible]	[illegible]	[illegible]
Région saharienne (Laghouat, Biskra)	[illegible]	[illegible]	[illegible]	[illegible]

La première constitue, avec le Sahel (rivage) et les Outa (les plaines) qui sur plusieurs points s'étendent au S. du Sahel, une zône que nous appelons le Tell septentrional ou maritime (aire des oliviers); elle est comprise entre la mer et une ligne brisée passant par Lalla-Marnia, Tlemcen, Sidi-Bel-Abbès, Tiaret, Affreville, Médéah, Beni-Mansour (Oued-Sahal) dj. Babor, El Kantour, Guelma, Soukarras.

La deuxième (Tell intérieur ou méridional) s'étend en arrière de la première, jusqu'à la limite sud du Tell, c'est-à-dire jusqu'aux crêtes qui forment la ligne de partage des eaux entre la Méditerranée et les lacs des Hauts-Plateaux aux environs des points suivants : Sebdou, Daya-Aïn-el-Hadjar, Frenda, Tiaret, Teniet-el-Haad, Boghar, Aumale (S.), Bord-bou-Areridj, Sétif (S.) Ain-Mlila, Tifesch (N.)

4.— La région des Hauts-Plateaux présente sur la lisière N. les pentes méridionales des montagnes du Tell, puis un plateau plus ou moins ondulé (plateau p. d.) qui se redresse vers le sud en un dernier bourrelet montagneux (massif Saharien) dont la pente méridionale s'infléchit brusquement et marque, à son pied, la limite du Sahara (zône des Oasis et désert) tracée par une ligne passant aux environs des points suivants : Tiout, El-Abiod-Sidi-Cheikh, Brizina, El-Laghouat, Demed, El-Outaïa-Negrin.

Les Hauts-Plateaux proprement dits (zône des pâturages et des steppes) sont des plaines généralement sableuses, où les eaux sont plus rares que dans le Tell, « où la culture n'est plus qu'un fait exceptionnel, où les » terres ont une expression d'un aspect tel qu'on peut » en suivre pas à pas les limites d'un bout du pays à « l'autre. » (1) On les voit se couvrir d'un tapis presque

(1) Mac Carthy. — La zône des Hauts-Plateaux a plus de largeur que celle du Tell. On y trouve des dunes de sable.

indiscontinu de plantes spontanées qui en font d'immenses steppes.

Ses eaux captives n'y trouvant plus d'issue vers la mer (1), s'écoulent par des pentes ordinairement douces vers de grands lacs salés appelés Chotts, Zahrès, Sebkhra, etc., qui occupent le fond des plaines ; ces larges dépressions, situées au milieu des Hauts-Plateaux, sont remplies, pendant la saison des pluies, d'eaux salées qui se dessèchent sous les ardeurs du soleil en laissant des couches de sel cristallisé.

Cette série de bassins vastes et plats détermine cinq régions que les indigènes appellent 1° le Chott (province d'Oran), 2° le Sersou (Haut-Chélif), 3° le Zahrès (province d'Alger), 4° le Hodna (province de Constantine), 5° le Sbakhe (les Sebkra, province de Constantine, régions de Sétif et de l'Aurès.

Quelques montagnes traversent ces steppes et rompent quelquefois l'uniformité du paysage.

5. — « Le Tell oranais, déboisé dans la partie inférieure,
» garni au centre de bois et de broussailles qui se rétré-
» cissent chaque jour devant le progrès de la civilisation
» est encore couvert de vastes boisements dans les
» montagnes du sud. » (2)

Dans les départements d'Alger et de Constantine, le Tell septentrional qui comprend le Sahel, la grande et la petite Kabylie, les monts de l'Edough et de la Medjerda est généralement bien boisé jusqu'en Tunisie. — Le Tell méridonal y présente des vides nombreux dans sa partie centrale, les hauteurs O. E. et S. de Sétif et les monts de Constantine, comme le dj. Dira Aumale, sont généra-

<hr>

1) Font exception à cette règle : le Chélif et les affluents de la Medjerda.

2) D'après des déposes des ponts et forêts d'Oran par M. M... conservateur des forêts d'Oran (extrait d'un rapport de mission publié en novembre 18.. dans le bulletin du ministère de l'agriculture).

lement déboisés, — les massifs du sud de cette zône
tellienne sont plus ou moins bien garnis, mais, dans les
trois provinces, beaucoup de ces peuplements forestiers
du sud sont endommagés et quelquefois ruinés par les
incendies, le paccage et les abus ; dans les collines on ne
trouve guère que des arbres rabougris ou des broussailles à peine arborescentes.

« Les Hauts-Plateaux Oranais (le Chott) soumis aux
» variations d'un climat extrême (1), exposés à de longues
» sécheresses, formés en plaine d'un sol silico-arg. très
» pauvre en éléments calcaires, ne présentent de végé-
» tation forestière et arbustière que sur la pente des
» montagnes et n'offrent ni un arbre ni un buisson. La
» vaste plaine située au nord des Chotts est nue, mono-
» tone, à peine ondulée ; en hiver, elle est balayée par
» les violentes rafales du N.-O , détrempée par des pluies
» plus ou moins fréquentes mais torrentielles, couverte
» de neige, et les indigènes l'abandonnent pour camper
» dans les collines broussailleuses du nord, où ils trouvent
» l'eau des sources, le bois, l'abri et quelques terrains
» de culture ; en été elle est desséchée par une chaleur
» torride qui y appauvrit la végétation herbacée, et les
» pasteurs arabes conduisent leurs troupeaux aux Chotts
» pour y brouter les herbes (2) que produit le terrain
» marécageux et saumâtre (3). »

6. — Les steppes qui s'étendent à l'est et au sud des
Chotts oranais sont à peu près semblables à celles que nous
venons de décrire, succession de plaines plus ou moins

____

(1) Le froid descend quelquefois au-dessous de 10°, mais alors il ne dure que
quelques heures. En janvier 1887, à Djelfa par exemple, on a observé le même jour
moins 11° à 8 heures du matin et 7° à midi. Au mois d'août, le thermomètre
dépasse quelquefois 50° à l'ombre.

(2) Salsola, semnagh, etc.

(3) L'alfa dans le département d'Oran, par M. Mathieu, conservateur des forêts
d'Oran.

caillouteuses (calc., silic., arg.), d'ondulations (calco-silic.),
de dépressions (arg.-silic.), de dunes de sable (sil.-calc) ; de
loin en loin, quelques hauteurs, quelques puits (en creu-
sant à une petite profondeur, on trouve de l'eau dans
certains bas-fonds).

Les plaines du Sersou, du Zahrès et une partie de
celles du Hodna et du Sbakhr ont à peu près le même
caractère que celles du Chott ; cependant ces steppes
sont de moins en moins désolées à mesure que l'on
remonte vers l'Est.

Dans le Zahrès « au milieu de la mer d'alfa » on rencontre de l'eau et du bois à Guelt-er-Stel, du fourrage à
Taguin, des forêts d'arbres rabougris et des broussailles
dans le dj. Nador et les collines qui s'en détachent ; au
sud des deux lacs, dont la superficie est de 82.000 hectares,
on traverse des dunes de sable présentant une certaine
végétation ; non loin du Rocher-de-Sel du dj. Sahari, on
trouve 2.000 hectares de cultures irriguées à l'aide d'un
barrage ; puis, des ruines, des Ksours, etc., jusqu'à l'entrée du massif saharien, où est située la ville de Djelfa.

Vers l'est, les landes vont en se rétrécissant entre les
massifs tellien et saharien et les contreforts intermédiaires qui les enserrent de plus en plus. La latitude se
relève, les montagnes du sud sont plus massives, plus
élevées et mieux boisées. Le climat s'améliore, ainsi que
le terrain et, dans certaines parties du Sbakhr, on retrouve le Tell.

Tout atteste qu'une civilisation ancienne a fait un
séjour de plusieurs siècles dans le Hodna (1) et dans le

(1) Le fond du Hodna est occupé par un lac salé de 70 k. de long sur 10,25
de large, alt. 560. Le climat, sur ses bords, est brûlant en été, tempéré en hiver,
la végétation y pourrait ressembler à celle de l'Égypte. Les terres de ce bassin
sont fertiles, et l'on pourrait, en refaisant des barrages, irriguer plus de 100.000
hectares. La plupart des dunes du Hodna sont couvertes d'alfa d'une qualité
remarquable, les terres y sont généralement sableuses (alc.-silic.)

Sbàkhr : ruines de villes, de camps fortifiés, de postes, de barrages d'une grande importance, restes de voies romaines, traces de puits artésiens, de citernes ensablées, vestiges de forêts et de culture. Tout paraît démontrer que ces deux bassins, autrefois très fertiles, sont susceptibles de redevenir le théâtre d'une colonisation prospère.

Comme on le voit, les Hauts-Plateaux de l'est de l'Algérie, abrités par les montagnes boisées du massif saharien, sont loin d'être aussi stériles que ceux de l'ouest, où ce massif est d'une aridité presque complète.

« Les boisements constituent une vaste barrière qui « tend à paralyser les effets venant du Sahara et qui pro-» tègent d'une manière heureuse toute la région nord » du département de Constantine. Leur action consiste » non seulement à affaiblir le sirocco et à abaisser la » température, mais aussi à ralentir sa vitesse initiale » et à l'empêcher de refouler les vents humides et frais » de la mer dont les influences sont si salutaires pour le Tell (1). »

Cette action est augmentée par l'élévation des montagnes et l'épaisseur de la chaîne, etc.

7. — L'alfa pousse dans les sols calcaires, calcaires-silicieux, silico-calc., de préférence dans les terrains de nature sableuse à l'exclusion du sol purement et simplement silicieux ou argileux.

Nous avons analysé un certain nombre de terrains à alfa dans différentes régions ; voici le résultat de quelques-unes de nos opérations dans une des régions (latitude, altitude, exposition, sous-sols à peu près semblables pour les quatre terrains (2).

(1) Calinet, conservateur des forêts de Constantine.
(2) Comme l'indique ce tableau, l'argile, considéré comme agent nourricier, nuit à la végétation de l'alfa, tandis que le sable lui est favorable lorsqu'il est

	Calc-silic.	silic.-calc. arg.	arg.-silic. calc.
Sable et mica (silice, alumine) potasse etc..	47	50	26
Calcaire (carbonate de chaux, sulfate de chaux, de soude, etc.)	45	27	19 25
Argile (alumine, silice) etc.	4	18 20	49
Humus (matières azotées et provenant de la décomposition des matières organiques)	3 50	4 50	5 50
Chlorure de sodium et autres substances	0 50	0 30	0 25
	100	100	100
Richesse du peuplement (densité et qualité)..	Nº 1	Nº 2	Nº 3

mélangé de calcaire. C'est que cette plante, sobre d'eau et qui fuit l'humidité et l'ombre, vit surtout d'air et de chaude lumière. Le sable a des propriétés diamétralement opposées à celles de l'argile : il reste toujours meuble. Par l'humidité, il ne forme jamais pâte comme l'argile, sec, il n'offre pas de résistance et ne se crevasse jamais. Les eaux le traversent comme elles feraient d'un crible ; il absorbe à peine l'humidité (20 à 30 0/0) et la perd très vite. Il s'échauffe rapidement au printemps, et, par la même raison, il devient brûlant en été ; sa surface se renouvelle naturellement par l'effet des vents. Dans les climats africains, il se dessèche trop profondément et devient impropre à toute végétation, quand il n'est pas mélangé de calcaire et que le sous-sol, à une certaine profondeur, ne présente pas une masse imperméable. Pendant les pluies, l'eau filtrant rapidement à travers le sable, doit n'y conduire et n'y laisser que ce qui est utile à la plante ; elle doit descendre pour s'emmagasiner en sous-sol en quantité suffisante ; ce qui a lieu à la faveur même du sable qui est l'agent distributeur et dont la couche doit-être assez épaisse pour garantir l'alfa de toute humidité, sans toutefois l'exposer à une trop grande sécheresse. L'alfa s'accommode de l'eau pourvu qu'elle ne croupisse pas à son pied et qu'elle pénètre dans un sol divisé ; il craint la sécheresse trop prolongée.

Sur les Hauts-Plateaux algériens, la porosité du terrain sablonneux et sa composition donnent à certaines plantes, notamment à l'alfa, les moyens de vivre en toutes saisons, partout où le sous-sol se trouve dans les conditions que nous venons d'indiquer. De même que cette porosité laisse facilement descendre les eaux, de même elle permet aux rayons solaires, si ardents dans ces climats, de pomper (quelquefois à une assez grande profondeur), à travers les couches plus ou moins échauffées et asséchées du terrain, cette eau dont une partie s'est écoulée souterrainement vers les Chotts et dans les nappes artésiennes, et dont l'autre, emmagasinée dans le sous-sol, reste en quelque sorte à la disposition de la végétation.

8. — L'aire de l'alfa en Algérie est limitée au nord par le 36° 15 de latitude septentrionale (1) et, vers le sud par

Cette aspiration active, cette évaporation réglée entretient une fraîcheur relative à une certaine distance au-dessous de la plante et l'action capillaire conduit près des parties spongieuses des racines, avec les substances nourricières, le peu d'eau dont l'alfa a besoin pour soutenir sa végétation en été. Avec l'air atmosphérique et les gaz absorbés sous les influences de la lumière, de la chaleur, de l'électricité et, avec l'aide des matières hydrocarbonées et des différents sels contenus dans les terres, avec l'aide, également, des infiniment petits entrevus par monsieur Berthelot, cette action descendante et ascendante des fluides produit les matières qui suffisent au développement de cette plante dont la nature prévoyante a ainsi assuré l'existence.

Il est évident que l'épaisseur du terrain au-dessus du sous-sol imperméable doit varier suivant les conditions climatologiques (latitude, altitude, exposition, inclinaison des pentes, courants, nature du terrain, etc.). Le cadre de ce travail ne nous permet pas de traiter plus complètement cette question dont l'importance, au point de vue de l'agriculture, est en Algérie plus grande qu'en France, où les pluies sont fréquentes même en été.

Les terrains d'alfas n° 1 contiennent, pour cette plante, tous les éléments désirables : pour le sable formé principalement de silice (oxyde de silicium), sous le rapport de son utilité dans le sol, c'est plutôt sa dureté, sa résistance à tous changements par l'humidité et la sécheresse qu'il ne faut considérer que son action chimique ; cependant, l'oxide de silicium joue son rôle dans la végétation de l'alfa, dont la cendre en contient une notable proportion. La silice probablement, comme d'autres substances insolubles dans l'eau et par conséquent considérées théoriquement comme non assimilables, se trouve, par l'effet d'une véritable digestion opérée par le végétal sous l'influence des phénomènes dont nous avons parlé, dissoute au contact des racines et absorbée par elles.

Le mica contenu dans le sable est composé de silice, d'alumine, de potasse, de traces d'oxyde de fer, de chaux magnésifère, etc. ; il agit comme le sable ; cependant, sa faculté, pour absorber l'eau et la retenir, est plus grande et son poids spécifique moindre.

Le carbonate de chaux, en s'alliant au sable, agit également comme lui, mais il lui donne une certaine consistance et en outre, étant facilement décomposable par les acides, il laisse alors dégager son acide carbonique pour former d'autres sels plus solubles. C'est ainsi que passe dans la sève des plantes la chaux qui se retrouve dans ses cendres.

L'humus qui ajoute à la consistance contient de l'hydrogène, de l'oxygène, du carbone et de l'azote. La potasse, la soude et autres alcalins, jouent un rôle très utile. Le chlorure de sodium, le sulfate de chaux et autres, agissent comme stimulants.

En un mot, tous ces éléments concourent à la formation de l'azote, du phosphore et de toutes les substances dont se compose la plante.

(1) Comment expliquer l'absence de l'alfa au-dessus de cette cote en Algérie ?

le Sahara, dont la lisière septentrionale est marquée à peu près par les latitudes 32° 20 (1) vers le Maroc 33° 45 au sud du Zarès, 34°30 au sud du Hodna et vers la frontière tunisienne.

La zone septentrionale du Tell, que nous avons déli-

C'est évidemment une question de terrain, de défrichement, de climat, tout à la fois. Dans les péninsules Hispanique et Héllénique, on trouve ce textile jusqu'au 40° de latitude dans des régions qui ressemblent à celles des Hauts-Plateaux algériens et qui offrent un climat et un sol exceptionnellement favorables à l'alfa. Ne dirait-on pas que cette plante y végète (et cela remarquablement bien) grâce au climat et au terrain, malgré la latitude, puisqu'au-dessus de 40° (toutes choses égales à peu près) on n'en trouve plus ?

En Europe, comme en Afrique, l'alfa ne végète bien qu'à une certaine distance de la mer. Le climat maritime serait-il donc défavorable à cette plante ? Nous la trouvons très près de la mer au Maroc, en Tunisie, surtout en Tripolitaine; nous en rencontrons à 3 kilomètres et même à 1 kilomètre du rivage oranais, sur des collines calcaires à Sassel, commune de Lourmel et d'Er-Rahel au Djebel Koar, entre Saint-Cloud et la pointe de Canastel: les environs de Marnia en renferment une quantité assez notable; mais l'alfa est généralement rare et chétif. Dans toutes ces régions, qui, il faut le noter, sont situées au-dessous de 36° de latitude. Ne dirait-on pas ici que la plante y végète, malgré le voisinage de la mer et grâce au terrain et à la latitude, laquelle vers Marnia, est égale à celle des lieux où, sur les Hauts-Plateaux, on la trouve la plus vigoureuse (dans le Hodna) ? A égalité de latitude, d'altitude, de terrain, l'alfa du Hodna est infiniment supérieur à celui de Marnia, au point de vue surtout de la vigueur de la plante et de son abondance.

Nous ne parlons pas ici des alfas en dépérissement tels qu'ils sont aujourd'hui près de Marnia, nous reportons nos souvenirs à vingt années de distance, alors que ces alfas n'avaient pas encore souffert des abus de récolte.

En Algérie, au-dessus de 36° 45 de latitude, il ne manque pas de terrains non défrichés, encore vierges (en forêt) qui, par leur nature, paraîtraient très favorables à l'alfa; cependant, les indigènes prétendent que de mémoire d'homme, ce textile ne s'est jamais rencontré dans cette zone septentrionale du Tell, zône qui produit en abondance le diss (a) et le palmier nain (b); le diss surtout dans le département de Constantine, le palmier nain dans celui d'Oran.

(a) Le diss (arundo festucoïdes) ressemble au gynerium : feuilles plates, cannelées sur les bords, lisses d'un côté, rugueuses de l'autre, d'un vert foncé, caduque, d'un à deux mètres de haut, d'un poids moyen de 2 à 8 grammes; emploi pour la corderie, la sparterie grossière, les chaumes, pourrait produire une pâte à papier passable, broutage assez bon. (b) Le palmier nain (chamærops humilis) : emploi pour crin végétal, nattes, papier d'emballage.

(1) C'est la latitude des peuplements d'alfa de la Tripolitaine.

mitée plus haut, ne produit donc l'alfa que dans le département d'Oran (au-dessous de la côte 36° 15) et, dans cette zone, il est relativement rare et plus ordinairement chétif.

La zone méridionale du Tell, qui est étroite (surtout dans les départements d'Alger et de Constantine), en produit une assez grande quantité d'une bonne qualité.

La région des Hauts-Plateaux est par excellence le domaine de l'alfa.

« Dans les montagnes du Tell méridional et de la par-
» tie nord des Hauts-Plateaux du département d'Oran,
» l'alfa présente des touffes peu larges, mais nombreuses
» et vigoureuses, et des feuilles étroites, peu allongées,
» mais d'excellente qualité.

» Quand on s'avance vers le sud, les collines s'affais-
» sent graduellement pour faire place à une plaine
» légèrement ondulée ; dans cette région, l'alfa présente
» des touffes plus volumineuses, mais plus espacées et
» d'un aspect généralement moins vigoureux qu'en
» montagne et des feuilles plus longues, moins fines.

» Dans les dépressions des deux régions précédentes
» et dans la plaine horizontale qui se rapproche des
» Chotts, l'alfa disparaît, ou n'est plus représenté que
» par des touffes épaises.

» En traversant les terrains compris entre la limite du
» Tell et la région des Chotts, on rencontre une végéta-
» tion de plus en plus pauvre, dans les montagnes du
» nord, un peuplement forestier (chêne vert, pin d'Alep) et
» essences secondaires) plus ou moins ruiné par les in-
» cendies, le pâcage et les abus ; dans les collines, la brous-
» saille à peine arborescente représentée surtout par le
» romarin et la globulaire, ces deux zones étant d'ailleurs
» riches en alfa ; sur les légers mamelons qui se présen-
» tent ensuite, l'alfa pur ; enfin, dans les dépressions et dans

» la plaine sans ondulations, l'armoise et le ligéo sparte
» (autrement dit sennera et albardine), suivant que pré-
» domine la silice ou l'argile...

... « La surface des Hauts-Plateaux oranais est compa-
» rable à un tapis formé d'un fond d'alfa, semé sur tous
» les reliefs et sillonné en creux de ramifications innom-
» brables, garnies d'armoises sur les bords, de sennera
» ou albardine dans les dépressions argileuses ; le fond
» est usé en bien des endroits et montre la trame, c'est-
» à-dire la terre nue, mais il se couvre au printemps de
» plantes moins résistantes, etc... (1) »

L'alfa se rencontre encore au sud du " Chott ", dans les monts des Ksours (massif saharien) jusqu'à Safb el Gassi, à 40 kilomètres de Khenog-Taferhait (Arbaouat) et à Kerabet, à 40 kilomètres de El-Abiod-Sidi-Cheikh.

L'alfa se présente à peu près de même dans les autres bassins des Hauts-Plateaux (département d'Alger et de Constantine), recherchant toujours les parties ondulées ou montueuses, les terrains calc., sil., les sables enrichis de calcaire, évitant les plaines trop horizontales, à terrains plus ou moins argileux, disparaissant dans les dépressions voisines des lacs.

Dans le " Zahrès " et le " Hodna ", c'est au sud des lacs qu'il pousse avec le plus de vigueur, même sur certaines dunes garnies d'herbages et où le sable assez bien fixé se trouve mélangé d'éléments calcaires. Les monts des Ouled-Naïl et du Zab (massif saharien) en renferment des quantités considérables, d'une vigueur extraordinaire (alfas de Barika, El Kantara, El-Oukaia-Oued Dermel, Medjedel, Selim, Tobna, Mdoukal, etc., etc.) Entre l'Oued Msif et Boussaada, le terrain est sablonneux, couvert ça et là de broussailles épineuses, de jujubier et de très hautes touffes d'alfa. Les forêts du sud présen-

---

(1) *L'alfa dans le département d'Oran*, par M. Mathieu.

tent dans leurs vides. autant d'alfa que les collines nues
des Haut-Plateaux et beauxcoup plus que les plaines en
comparaison de surfaces égales.

Dans le "Sbakhr", les meilleurs alfas se trouvent dans
le Bouthaled et dans la région de l'Aurès. Il pousse très
dru et il est d'une qualité très remarquable entre Khren-
chela-Aïn, Beïda et Tebessa, dans les Haractas et principalement dans les communaux de la Meskiana et de
Tebessa.

9. — Généralement, l'alfa le plus estimé est celui des
montagnes ou des collines (1), là ou l'élément calcaire
entre dans une assez forte proportion.

Dans les plaines sableuses, où la silice devient prédo-
minante, mais où le calcaire existe encore, il est certainement plus touffu, à feuilles plus longues. mais ses
touffes sont plus espacées et son produit est jusqu'à
présent moins recherché pour l'industrie.

Quand le calcaire disparaît, l'alfa disparaît avec lui.
Les racines adventives, qui développent la périphérie,
s'enfonçant à de faibles profondeurs, ne s'accommodent
ni d'un sol compact ni d'un sol dépourvu de toute
consistance que le vent décape et que la chaleur pénètre.

L'abondance plus ou moins grande de l'alfa paraît
due surtout aux composants minéralogiques du sol et
au degré de division des particules qui forment ce dernier. La plante est très vigoureuse dans les pierrailles
calcaires recouvrant un sous-sol silico-argileux, qui
provient de la décomposition des grès.

Les hivers pluvieux correspondent, l'été suivant, à

---

(1) L'alfa croît à toutes les altitudes jusqu'à 2,000 mètres (et davantage peut-
être), mais sa qualité dépend plutôt de la nature du sol, de l'exposition, du climat
en général que de l'altitude. On trouve des alfas de même qualité à 500 mètres
1,500 mètres d'altitude par exemple (soit d'excellente, soit de médiocre qualité).
Toutefois, dans une même zone, même latitude. à égalité de terrain, d'exposition,
etc.. plus l'altitude est grande, plus l'alfa paraît vigoureux ordinairenent.

une plus belle production d'alfa que les hivers relativement secs (1). La plante s'accommode donc de l'eau, pourvu qu'elle ne s'accumule pas à son pied et pénètre dans un sol divisé (sableux). L'alfa doit craindre la sécheresse trop prolongée, car on ne le trouve guère dans les sables purs ou trop peu calcaires. Il craint surtout les déchaussements produits par les alternatives de gelée et de dégel en hiver et aussi par la sécheresse qui crevasse la terre en été, dans les sols argilo-siliceux où l'argile domine.

L'alfa fuit l'ombre ; les forêts ombrageuses n'en contiennent guère que dans leur vides ; la plupart de celles des Hauts-Plateaux étant composés d'arbres rabougris donnant peu d'ombre, en contiennent beaucoup.

En résumé, la distribution de l'alfa tient essentiellement au climat et au terrain : saison bien marquée, pluie suffisante en automne et à la fin de l'hiver, chaleur ardente, grande lumière et atmosphère sèche en été ; en hiver, froid assez vif, mais peu prolongé, aération toujours très vaste et sèche, sérénité habituelle du ciel, terrains plutôt secs, suffisamment meubles et d'une nature sablonneuse calc.-silic., sous-sol silico-argileux à une certaine profondeur, etc. C'est le climat et le sol général des Hauts-Plateaux algériens, comme celui de certaines parties du Tell et des régions européennes où croît cette plante. Ces conditions climatologiques, on le sait, dépendent principalement de la situation géographique, de la latitude, de l'altitude, de la distance à la mer, de la situation forestière, de la configuration topographique, etc. En traversant les alfas d'Espagne, ne se croirait-on pas en certains lieux des Hauts-Plateaux algériens ?

(1) Les époques de phases de végétation peuvent varier de 20 jours dans une même zône, suivant que l'hiver a été plus ou moins pluvieux.

10. — Nous avons précédemment parlé du mode de développement de la plante, de dissémination de la graines, et nous sommes entrés dans quelques détails au sujet des phases de végétation.

Quant aux époques de ces phases, elles sont difficiles à déterminer d'une manière précise ; elles varient non seulement suivant la latitude, mais, souvent, dans une même vallée, selon l'altitude, le terrain, l'exposition, l'influence maritime, les divers climats que présente la contrée : ainsi certaines vallées offrent sur une longueur de 100 kilomètres, même seulement de 50 kilomètres, par exemple, des différences très notables dans le climat et par conséquent dans la végétation et l'époque de maturité de leurs produits ; la différence d'altitude semblerait devoir être compensée par la différence de latitude ; mais souvent l'influence de la mer qui se fait sentir dans le bas de la vallée sert de régulateur, tempérant les saisons : l'hiver n'y est pas rigoureux et la chaleur de l'été n'y est pas desséchante. Dans le haut de la vallée, au contraire, et sur les sommets, le froid est quelquefois vif et prolongé, le sirocco se fait sentir énergiquement en été et toute végétation semble cesser en août et septembre. A quelques kilomètres de distance, il peut y avoir plus de huit jours de différence, pour la maturité de l'alfa, laquelle d'ailleurs peut avancer ou retarder de 20 jours, suivant que l'hiver a été plus ou moins pluvieux.

Toutefois, nous allons donner quelques indications générales sur les époques habituelles des phases de végétation dans la zône moyenne des Hauts-Plateaux (lat. 35° ; altitude 1.000 mètres par exemple), la grande sève printanière commence ordinairement vers le 15 mars, et la floraison complète de l'alfa a lieu au commencement de juillet. Ces époques et ces phases sont avancées d'une huitaine de jours dans la partie montagneuse du Tell méridional (lat. moy. 35° 20; alt. moy. 300 mètres, ainsi que dans le Shakhr de Constantine (lat. 35° 30; alt. 1.100 mètres .

Ces inditations, nous le répétons, sont très sujettes à variations et à exceptions.

Ainsi, entre Djelfa, climat extrême, et la vallée abritée de l'Oued Medjeddel, non loin de cette ville, la différence est de près de 15 jours.

ARTICLE 3

Sᴏᴍᴍᴀɪʀᴇ : Modes de repeuplement artificiel : leur
plus ou moins de praticabilité.

1.— Les repeuplements artificiels de l'alfa par semis, ou
par repiquements de portions de touffes, ne nous paraiss-
sent pas plus praticables dans le zône des Hauts-Plateaux, qui est surtout celle de l'alfa, que dans toute autre
région présentant des conditions favorables à la végétation de cette plante : les raisons en sont développées dans
le rapport du président (1) de la commission qui a effec-
tué en 1884 et 1885 la reconnaissance des peuplements
d'alfa dans les Hauts-Plateaux Oranais : « La transplanta-
» tion de touffes ou portions de touffes, dit-il, ne peut
» aboutir qu'à un insuccès à peu près certain. En effet,
» si l'on veut replanter une ramification pourvue de
» racines, ces dernières très délicates, sont en partie
» arrachées; la section isole le sujet de la souche mère,
» qui lui envoyait la plus grande partie de la sève
» ascendante, enfin le remplaçant pour avoir une assiette
» solide ne peut pas être enfoncé à la faible profondeur
» qui conviendrait à ses racines traçantes. Le semis
» n'est guère plus praticable (2), » la semence étant rare,
difficile à récolter et ne donnant d'ailleurs de produit

(1) M. Mathieu, conservateur des forêts, à Oran.
(2) M. Mathieu, conservateur des forêts, à Oran.

utile qu'après une dizaine d'années (voir chapitre IV B.
semis-mode de récolte et d'emploi de la graine).

Il est évident, qu'avec des soins spéciaux, on peut
faire reprendre quelques pieds d'alfa (1). mais ces
repeuplements sont inexécutables en grand, et lors
même qu'on parviendrait à les obtenir à la 1/2, au 1/4,

(1) **2** — Nous avons essayé la culture suivante sur une petite échelle. Nos semis
n'ayant jamais rien produit, nous avons planté en automne, dans une terre convenable, à un mètre d'intervalle, des mottes de racines obtenues par éclats de
souches, ou mieux en séparant de la touffe les marcottes naturelles, pourvues
de racines qui se produisent à sa circonférence (méthode essayée aux environs
d'Alméria, en Espagne, et nous avons piétiné légèrement de manière à faire
adhérer : nous avons même quelquefois arrosé : les feuilles ont poussé dès le
printemps et plus tard les drageons se sont assez bien multipliés, mais les
les racines n'étaient suffisamment fixées que la cinquième année. Cette culture
a demandé de grands soins et, faite en grand, elle coûterait fort cher : nous ne
pouvons donc conseiller une entreprise qui ne serait qu'une ruineuse folie.

Ne pourrait-on à la rigueur peut-être essayer d'améliorer un peuplement restreint en s'y prenant de la manière suivante :

1° Jeter quelques pelletées de terre sur les racines qui auraient été mises à
nu par un vent violent, décapant le terrain sableux, ou par une pluie torren-
tielle, piétiner ensuite d'une manière suffisante.

2° Sur le périmètre d'une touffe saine, couper en terre à la pioche bien tran-
chante, les éléments extérieurs d'une grosse touffe déjà ancienne, en laissant
intact le milieu, soit les 2/3 au moins de la touffe : dans la portion extérieure
du cercle ainsi déterminé, piocher *avec grande précaution* autour des racines pour
les enlever avec les tiges en lésant le moins possible les radicelles, les replanter
dans des trous ouverts d'avance dans les vides à repeupler, en les laissant à
l'air le moins possible, ne pas les enterrer plus dans les repiquements qu'elles ne
l'étaient naturellement dans le sol, arroser un peu

3. — On pourra réussir dans une proportion assez faible, mais on ne saurait
espérer regarnir de la sorte de grandes surfaces à cause du prix de revient
comparé à la valeur du produit, à récolter au bout de quelques années seulement,
on ne peut même pas espérer remplacer toutes les touffes qui meurent par suite
d'une exploitation industrielle prolongée.

Si l'on veut donner beaucoup d'extension aux repiquements, il en sera d'eux
comme des reboisements : l'État les entreprend à grands frais dans l'intérêt
général : mais un particulier qui voudrait reboiser une grande surface nue pour
augmenter ses revenus, s'apercevrait bientôt que ses dépenses sont supérieures
à la valeur du terrain : celui qui s'amuserait à planter en bois ou en alfa un
terrain qu'on lui abandonnerait gratuitement serait le plus ruineuse des spéculations, et son terrain, en plein rapport, ne vaudrait pas beaucoup plus que qu'il
lui en aurait coûté pour le mettre en valeur.

au 1/10 du prix actuel, les repeuplements suivis de réussite ne formeraient qu'une quantité minime de sujets, eu égard au nombre de ceux qui périssent chaque année, par suite d'une exploitation vicieuse ou simplement d'une exploitation répétée.

Il faudrait donc avant tout éviter d'épuiser les peuplements d'alfa qui se régénèrent avec grande difficulté, même naturellement.

Chapitre II

Exploitation

ARTICLE 1er

Sommaire : Données historiques.

1. — Depuis une haute antiquité (1), les arabes emploient l'alfa pour leurs besoins domestiques ; ils en font des cordes, des paniers, des nattes, etc. (dits ouvrages de sparterie).

(1) Au IIe siècle de notre ère, Pline le Jeune, constate que les Espagnols en confectionnaient des tissus.

« D'après Strabon, les Phéniciens venaient chercher le sparte en Ibérie pour
» en faire des cordages ; les Romains suivirent cet exemple. Depuis, les Espagnols
» ont encore eu longtemps le monopole de la sparterie. Lorsqu'en 1868 et
» 1869 une sécheresse persistante compromit les récoltes de la péninsule et avec
» elles la cueillette régulière de l'alfa, les maisons de commerce de Carthagène
» et d'Alméria, dans l'impuissance de se pourvoir dans leur propre pays, vinrent
» demander à l'Algérie la matière dont elles avaient besoin pour faire honneur
» à des traités antérieurement consentis avec les Anglais.

» Notre produit suivit ainsi une voie qu'il n'a pas abandonné depuis, car ces
» derniers ayant pu apprécier notre sparte vinrent par la suite traiter directe-
» ment et sur les lieux même de production » (Bastide-l'Alfa, etc. Oran, 1877
in-8°).

Mais la quantité de feuilles, récoltées chaque année pour cet usage, a toujours été insignifiante et l'on peut dire que les terrains à alfa étaient inexploités en Afrique lorsque des Anglais sont venus pour la première fois y chercher ce textile, pour remplacer le chiffon de coton dans la fabrication de leur papier.

L'alfa algérien doit son grand succès à M. Llyoyd, propriétaire du journal le *"Daily Chronicle"* qui monta un établissement à Oran en 1862 ; il le doit aussi à M. Routledge qui, par ses procédés de fabrication, propagea très rapidement son emploi dans la plupart des papeteries d'Angleterre et d'Écosse (1).

2.— L'exploitation sérieuse en avait d'abord commencé en Espagne, mais bientôt, ce pays n'en pouvant produire en quantité suffisante pour la consommation qui augmentait sans cesse, on alla s'en procurer aussi au Maroc et à Oran (1862), puis on en demanda à Alger (1872), à Constantine (1878), en Tunisie et jusqu'en Tripolitaine.

En quelques années, les alfas acquirent une telle importance en Algérie que ce fut en vue de leur exploitation que la compagnie franco-algérienne construisit une voie ferrée de 352 kilomètres, d'Arzew à Mecheria, par Krafallah, en demandant, comme garantie de ses capitaux, la concession de l'exploitation des alfas sur une étendue de 700.000 hectares 2 .

La seule province d'Oran a livré au commerce de 1874 à 1878 (5 ans), 3) environ 277.000 tonnes d'alfa (ou

---

(1) C'est à partir de 1869 que l'exportation de cette colonie eut ainsi un grand développement.

(2) Cette compagnie exploite depuis 1879 ; le chemin de fer vient d'être achevé.

(3) De 1868 à 1878 l'Algérie a exporté environ 500.000 tonnes (valeur 50 millions).

277.000.000 de kilos) d'une valeur d'au moins 36.000.000 de francs dont 1/9 à peine pour la France.

On peut dire que, jusqu'ici, la consommation de l'alfa a été exclusivement anglaise, mais, après avoir été considérable, elle a décru et, depuis 5 à 6 ans, elle reste à peu près stationnaire en oscillant autour de 200.000 tonnes de toute provenance, annuellement; de nouveaux pays producteurs ayant fourni le marché anglais, l'alfa Algérien a baissé quant aux prix, mais non quant à la production moyenne annuelle qui est de 95.000 tonnes environ depuis quelques années.

3. — En Algérie, avant la réglementation administrative concernant les alfas, la récolte de ce textile s'opérait librement et sans méthode.

Les voies ferrées n'existaient pas ou étaient rares; aussi, pour éviter des transports trop onéreux, on récoltait sans cesse sur les mêmes terrains aux endroits les plus rapprochés de la mer et de la voie.

Ce fut, au début, un véritable pillage, y allait qui voulait. Chacun avait le droit d'établir un chantier sur un point favorable. Là, sans se donner de peine, on faisait appel aux indigènes en leur criant, sur les marchés, qu'on était acheteur à tel prix, à la bascule ; alors, sans surveillance, sans direction, dans leurs moments perdus c'est-à-dire au printemps, après les labours et avant la moisson des céréales, et encore à l'automne après la moisson et avant les labours, lorsque les bras sont libres ainsi que les animaux de bâts, les Arabes se mettaient volontiers à la récolte et au transport du textile; évidemment, ils cherchaient à faire le moins de chemin possible jusqu'à la bascule de réception, et pour cela ils prenaient toujours sur les mêmes terrains, au risque de les épuiser.

Les premiers exploitants firent d'abord de très bonnes

affaires, surtout la deuxième année; la feuille récoltée, ayant alors environ une année d'âge, ses fibres étaient mûres et, une fois trié, il possédait une qualité qui lui donnait un prix très rémunérateur.

Mais bientôt, par l'abus de la récolte sur le même point, la valeur de l'alfa décrut sensiblement, et le peuplement s'appauvrit d'une manière notable sur les terrains occupés.

Comme on arrachait toujours la même touffe, il s'ensuivit que la touffe arrachée en automne, par exemple, ne donnait comme récolte au printemps suivant que de jeunes feuilles à peine formées, et comme on arrachait également celles-ci, on faisait le plus grand mal à la plante qui dépérissait à vue d'œil.

Un grand nombre de bascules concurrentes s'établirent en même temps trop près les unes des autres et l'exploitation des alfas tourna en dévastation.

Les exploitants étaient inexpérimentés en cette affaire; comme il y avait excès de demandes, ils ne cherchaient que la quantité: ils se gênaient entre eux, en élevant les salaires et en se disputant les transports: de leur côté, les arabes pour faire du poids arrachaient jusqu'aux racines!!

4. — Le service des forêts, toujours attentif, s'émut de cet état de choses, et des mesures administratives furent prises dans le but d'empêcher le dépérissement de l'alfa.

5. — Comme l'on avait constaté les mauvais effets des récoltes, et que ces récoltes se faisaient habituellement au printemps, on en fit l'interdiction à cette saison.

Alarmé par l'œuvre de spéculation que des alfatiers improvisés faisaient sur les peuplements d'alfa, en sacrifiant leur avenir au désir immodéré d'en tirer la plus grande somme de produits, dans le plus bref délai possible, on entrava cette opération dangereuse: dans ce but (notamment dans le département de Constantine) on fit un lotissement intelligent de tous les terrains à alfa que l'on crut exploitables, et l'on mit les lots en adjudication à tant l'hectare, pour une période de 3 années d'abord, puis de 5 et enfin de 15, quand on crut qu'il y avait avantage à accorder de plus long baux (1).

De plus on exigea que la récolte ne se fît que par le procédé dit de l'arrachage au bâtonnet.

(1) Certains lots ont été accordés de gré à gré pour des services rendus à la colonie et pour encourager des entreprises utiles.

En outre, de grandes concessions d'alfa ont été données à des compagnies de chemins de fer comme garantie de leurs capitaux.

ARTICLE 2

Tunisie :

Tripolitaine :

---

1. — **Algérie** : Le procédé actuel d'exploitation comprend 4 opérations principales : *l'arrachage, le séchage, le triage, l'emballage*, sans compter les divers transports qui jouent un grand rôle dans cette industrie, en chargeant le prix de revient du produit dans une proportion trop onéreuse.

Pour récolter la feuille, il est absolument défendu de se servir de la faucille : En effet, 1° la touffe présentant un feutrage épais de feuilles à demi décomposées, l'instrument tranchant s'émousserait sur ce feutrage et ne couperait les feuilles jeunes et vieilles qu'en arrachant beaucoup des racines adventives qui ont crû au pourtour de la touffe mère et l'ont élargie d'année en année.

2° Les bourgeons dormants, qui se trouvent à la base des feuilles mortes, et qui donnent des pousses quand ils sont rendus libres par l'incinération de la touffe, seraient en partie coupés et détruits.

3° Les extrémités inférieures des brins, restant dans les gaines gêneraient la végétation.

L'arrachage est seul permis et voici comment il s'opère :

Le moisonneur est munis d'un bâtonnet en bois dur de 0^m40 à 0^m50 de longueur et de 0^m02 à 0^m03 de diamètre, autour duquel il enroule (sur 0^m10 au plus) les extré-

mités d'une poignée de brins (feuilles) d'une touffe,
poignée qu'il arrache des gaines en donnant avec son
bâtonnet une petite secousse de bas en haut; ceci fait,
il retire le bâtonnet et, tenant les brins par leurs extrémités supérieures, il agite la poignée pour en faire
tomber les impuretés, et, s'il est soigneux, il élimine en
même temps les mauvaises feuilles, celles qui sont
tachées, grisâtres, trop jeunes ou trop vieilles : il met
chaque poignée sous son bras gauche; plusieurs poignées forment une manoque qu'il lie avec des brins
d'alfa : plusieurs manoques forment une botte ou botte-
lette qui ressemble alors à un balai plus ou moins épais,
et qui pèse de 300 à 800 grammes, suivant les exploitations (1).

« Les ouvriers employés à la cueillette étaient origi-
» nairement (département d'Oran) des Espagnols, mais
» aujourd'hui les indigènes s'adonnent de plus en plus
» à cette récolte ; ils y font concourir femmes, enfants,
» toute leur famille, et fournissent déjà les 3/4 de l'alfa
» apporté aux chantiers, tandis que l'Espagnol, de moins
» en moins occupé à la cueillette, reste chargé sans
» concurrent de la manipulation.

» L'enfant et la femme ne tirent que peu de brins à la
» fois, l'Arabe adulte saisit une plus forte poignée;
» l'Espagnol plus robuste, plus laborieux et plus âpre
» au gain, une poignée encore plus grosse »; (2) de
même l'Italien et le Kabyle (ces derniers dans le département de Constantine),

Un ouvrier actif, un Kabyle exercé, pourrait arracher
au bâtonnet plus de 300 kilos de brins par journée de
10 heures, dans les terrains de peuplements très denses

(1) De 6 à 7 ans d'âge, une touffe vigoureuse ne donne guère que 150 gr.
de feuilles. Après 15 ans, une touffe peut produire 1 kilog.

(2) M. Mathieu, conservateur des forêts d'Oran.

c'est-à-dire, là où l'hectare produit près de 1.000 kilos
d'alfa vert, ce qui est rare dans le département d'Oran,
mais assez ordinaire dans le Sbakhr de Aurès et dans
certaines parties du Hodna et du Zahrès (sud) (1).

Mais si l'on veut que le travail soit bien fait, que l'alfa
soit trié au fur et à mesure de l'arrachage (ou plutôt du
bottelage) chose très-facile à ce moment, et que tout
exploitant devrait exiger, dans son propre intérêt, cet
ouvrier n'en produira guère que 150 à 200 kilos (2).

Pour récolter par exemple 1000 tonnes du 15 juin au
15 février (200 jours nets), il faudrait au moins 25 arracheurs donnant chacun 40 tonnes au plus. Si l'on pouvait
récolter toute l'année (net 300 jours), il n'en faudrait que
17. Dans les peuplements relativement pauvres de la
province d'Oran, il faudrait 1/4 d'arracheurs en plus.

Les arracheurs se paient habituellement à la tâche,
rarement à la journée (3).

2. — L'arracheur, après avoir récolté suffisamment

---

(1) Peuplement à peine exploité ou inexploité faute de voies ferrées

(2) Sur les 700.000 hect. de la compagnie franco-algérienne, on peut compter que le peuplement d'alfa industriellement exploitable ne s'étend pas sur
plus de 280.000 hect.: il ne peut guère donner par année que 300 tonnes à
l'hectare, soit 8.000 tonnes au total; encore cette quantité décroîtrait-elle
progressivement, si elle était entièrement récoltée chaque année.

(1) L'indigène (le Chaouïa) à la journée se contente, dans le département de
Constantine, de gagner 1 fr. 50 par jour (excepté pendant la moisson). Comme
tâcheron, il pourrait se faire près de 4 francs, l'alfa lui étant payé 2 fr. les
100 kilos sur place, c'est-à-dire à moins de 10 kilomètres du point d'arrachage), mais le chef de groupe ou l'entrepreneur retient ordinairement une partie de
cette somme. Dans le département d'Oran, le salaire indigène est plus élevé et
les quantités extraites par jour sont moindres. Les Arabes d'Oran travaillent
moins activement que les Chaouïas ou Kabyles du département de Constantine
où d'ailleurs, l'alfa pousse généralement dru.

Les Européens à la journée se paient jusqu'à 4 francs.

Le bénéfice ou salaire moyen des ouvriers par jour est de 3 francs environ.
(*Exposé de la situation générale en Algérie*, année 1885, page 261).

Les paiements se font en espèces remises séance tenante ou en bons payables,
en ville, ou quelquefois en nature (denrées, vêtements, etc.).

d'alfa, arrime ses bottelettes, encore fraîches, dans des tellis (espèces de saches en laine ou en poil de chameau, ou en toile) ou bien dans des filets en cordes d'alfa, qu'il charge sur des chameaux (ou des mulets) à raison de 200 à 300 kilos, pour les transporter au lieu de réception, c'est-à-dire à la bascule de l'exploitant, située à une distance de 20 kilomètres au maximum (1).

Là, on examine le textile, on le reçoit s'il est bon, on le pèse et on le paie aux prix convenus ; mais s'il est mauvais, s'il est trop mal trié, s'il contient des graines, des racines, de trop jeunes ou de trop vieilles feuilles ; s'il est en état de fermentation, s'il est mouillé ou trop humides, on le refuse (si l'on exploite sérieusement) ou bien on le paie moins cher.

Le prix de l'arrachage varie suivant les saisons et les contrées (1 fr. 50 à 2 fr. 50 les 100 kilos).

Celui des transports à dos de chameaux varie de même et dépend des distances (2).

L'indigène, très indolent, ne récolte que 100 kilos par jour en moyenne. Dans la province de Constantine il récolte aisément le double.

L'Espagnol (en Espagne) récolte facilement 300 kilos choisis et triés.

(1) La distance varie de 2 à 18 kilomètres, ou au maximum 20 kilomètres ; au-delà de 20 kilomètres, le bénéfice serait absorbé par les frais de transport. Il y a quelques années, jusqu'en 1884, le prix de vente de l'alfa était assez élevé pour permettre d'exploiter à une plus grande distance.

(2) Prix moyen des 100 kilos d'alfa botteé (arrachage et transport à la bascule).

Achat aux Arabes venant de 10 kil., minimum 2 fr. »   maximum 3 fr. »
— 15 — 2 fr. 50 — 3 fr. 50
— 20 — 3 fr. » — 4 fr. »
— 30 — 3 fr. 50 — 4 fr. 50
Moyenne................... 2 fr. 75 — 3 fr. 75
Réduction de 25 0/0 (moyenne) pour déchets de triage, séchage, etc.............. 0 fr. 6875 — 0 fr. 9375
Prix de revient des 100 kilos d'alfa sec et trié........................... 2 fr. 0625 — 2 fr. 8125
Prix moyen.................. 2 fr. 40

Ainsi, en général, les prix sont établis pour l'alfa *sec et trié*, afin d'engager

Le chameau chargé, prenant sa nourriture en chemin, ne fait guère que 5 kilomètres à l'heure, ou 50 kilomètres par jour au maximum avec sa charge (250 kilos en moyenne), à condition qu'il se repose un jour sur trois.

Pour une distance de 20 kilomètres, il peut venir charger et retourner déchargé, en un seul jour, pour recommencer le lendemain, pourvu qu'il se repose un jour sur huit et qu'il soit bien soigné.

En général, les bêtes de somme qui servent au transport à la bascule sont aux frais des arracheurs indigènes qui en sont propriétaires, ou qui les louent dans leurs communes (ou douars).

Cela peut avoir certains avantages, en ce sens que l'exploitant n'a pas à s'occuper de cette cavalerie qui exige des capitaux, des soins spéciaux ; mais les incon-

les arracheurs à se charger eux-mêmes du triage et du séchage ; mais, comme jusqu'ici ils apportent ordinairement la matière encore verte et insuffisamment nettoyée, on leur fait presque toujours la réduction ci-dessus.

Nous avons supposé ici le prix moyen ordinaire du transport par chameau, mais ce prix est très variable : dans un groupe de 4 à 5 chameaux conduits par un chamelier, la location du chameau se paie de 1 fr. 50 à 4 francs par journée suivant la localité, la concurrence, les saisons et circonstances. Dans le département d'Oran, c'est 3 fr. par jour, pour le déplacement à charge ou à vide, prix adopté pour les réquisitions militaires.

Dans certaines concessions, un entrepreneur général est chargé des opérations ; il forme et conduit des escouades d'ouvriers qu'il paie quelquefois en « nature (denrées alimentaires, effets d'habillements, etc.), ce qui ajoute à son « bénéfice ; il est responsable vis-à-vis du concessionnaire qui a traité avec lui « à forfait. En somme, dans ce cas, cet entrepreneur vend sur place ou à la « gare d'expédition la marchandise au concessionnaire, et celui-ci, avec des « traités commerciaux, la transporte au port et l'exporte ou la revend en Algé-« rie à des intermédiaires sur place, en gare ou au port d'embarquement. »

« Par charrette, pendant l'hiver 1875 et le printemps 1876, le prix moyen « du transport de l'alfa en balles a été de 5 fr. 50 les 250 kilos ; depuis, il s'est « élevé jusqu'à 6 et 7 fr. 50. L'alfa en vrac donnant toujours lieu à une aug-« mentation de 0 fr. 50 sur le prix de transport en balles (Sidi-bel-Abbès. — Bastide). »

« Les 250 kilos d'alfa coûtent pour 80 kilomètres, par le roulage, de 5 à » 9 fr. suivant la nature de la route et l'époque (Bastide, 1887).

vénients de ce système sont quelquefois assez graves : l'exploitant qui a des engagements commerciaux pour la vente du produit et pour le frèt n'est jamais sûr de son affaire ; à un moment donné, le prix déjà très élevé de ces transports peut devenir inabordable et les transports eux-mêmes peuvent manquer totalement.

Ainsi, pour l'alfa, bras et transports disparaissent presque toujours en été dans le Sbakhr (département de Constantine) à cause des moissons, du battage et de la vente des céréales.

Il n'en est pas de même dans la région des Hauts-Plateaux oranais, où il n'y a que très peu de moissons.

Etant donné le système de travail actuel, les bêtes de somme devraient être, à notre avis, la propriété de l'exploitant ou celle d'un entrepreneur spécial (1).

3.— Aussitôt reçu, l'alfa est séché. Le séchage est une opération qui a pour but de le soustraire à la fermentation et pour avantage de l'alléger. Cette opération demande des soins, surtout aux époques des pluies ; c'est

---

(1) Il y a environ 216.000 chameaux (ou dromadaires) en Algérie.

Le chameau vit de 30 à 40 ans. Sa gestation est d'un an. Il marche chargé depuis l'âge de 3 ans jusqu'à celui de 25 ans. Le chameau se vend en Algérie de 200 à 350 francs tout bâté. Il peut rester plus d'une journée sans boire. Il se nourrit en pacages (ou des herbes qu'il trouve sur son chemin lorsqu'il marche en steppes, ce qui est le cas ordinaire) ; quand il est chargé et fatigué, on lui donne quelques poignées d'orge. Son entretien (nourriture et soins divers) n'excède pas 0 fr. 20 par jour. En prévision des accidents, on calcule l'amortissement en 5 ans soit 0 fr. 10 par jour. Il suffit d'un conducteur pour 6 et même 10 chameaux : les chameliers se paient de 1 fr. 50 à 2 fr. ; le chef d'un convoi de 100 chameaux se paie de 3 fr. à 3 fr. 50 ; dépense journalière totale 0 fr. 55 en moyenne, soit 200 fr. par an par chameau.

Le chameau, faisant partie d'un convoi de 100 bêtes, pourrait, en marchant 300 jours par an, porter plus de 30 tonnes, la distance étant par exemple de 20 kilomètres (40 aller et retour) le transport de la tonne reviendrait à 6 fr., seulement, 30 fr. 60 les 100 kilos.

L'économie serait encore plus grande peut-être si l'on établissait, comme on vient de le faire en Tunisie, un petit chemin de fer monorail, nouveau modèle

d'elle que dépend, en grande partie, la qualité de la marchandise ; le triage se fait en même temps.

Les bottelettes d'alfa sont étendues sur un terrain sableux, sec et en pente ; tantôt couchées, tantôt debout, s'appuyant entre-elles ; on les retourne à plusieurs reprises, jusqu'à ce qu'elles soient très sèches ; cette siccité se reconnaît facilement au toucher et à la couleur (verdâtre).

S'il pleut subitement, on entasse vivement les bottelettes sous des bâches ; si la pluie persiste, on les rentre sous des abris en branchages, recouverts de diss, séchoirs très rustiques, où on les range de manière à ce qu'elles puissent continuer à sécher (1).

L'alfa en séchant perd, suivant sa qualité, son âge et

très peu coûteux, très facile à poser et à déplacer, qui relierait les terrains à alfa aux gares. Ce monorail perfectionné (celui essayé dans le département d'Oran ne valait rien) nous semble préférable au Decauville dans les terrains sableux ; étant suspendu à plus d'un mètre au-dessus du sol, il ne risque pas, comme le Decauville, d'être ensablé à tous moments, ou recouvert d'herbes au printemps.

Le chemin de fer monorail installé dans la concession de la compagnie franco-algérienne était défectueux ; il a dû être complètement abandonné. Il n'a pas même assez de valeur pour qu'on en utilise le vieux fer et il reste sur place sans faire autre chose que gêner le passage des chameaux ; la nécessité de charger également les deux côtés de la poutre mobile, l'équilibre instable qui résulte d'un chargement au-dessous du centre de gravité de l'appareil, le dérangement et le frottement qui se produisent aux courbes ont fait condamner ce système après quelques semaines d'essai. — Le rail le moins coûteux paraît encore être le chameau.

(1) Le chantier de séchage-triage comprend ordinairement pour 200 tonnes mensuelles :

<pre>
1 chef de chantier (espagnol ordinairement) .... \
1 peseur...   } 500 francs.
1 aide-peseur ....   /
10 manœuvres indigènes 750.950 fr. ; soit par
100 kilos .... 0 fr. 38   \
Pour l'amortissement de l'installation en 5 ans,   } 0 fr. 40
etc, on compte..................... 0 fr. 02   /
</pre>

Cette installation est excessivement simple : hangars rustiques que les Arabes savent confectionner très rapidement, une tente et quelques objets de literie

la saison, de 10 à 25 0/0 (1) de son poids, en moyenne 15 0/0.

Le triage donne un déchet très variable, mais qui ne devrait jamais dépasser 5 0/0, car le principal triage, dans une exploitation bien réglée, devrait avoir lieu sur le terrain de récolte par les soins de l'arracheur lui-même, comme nous l'avons déja expliqué (art. 2me).

On peut donc compter en moyenne, pour ces deux déchets, 20 0/0 (2).

Le séchage terminé, les bottelettes sont une dernière

pour les Européens ; une bascule, 2 brouettes ou civières, une échelle, quelques menus outils, et 5 bâches de 40 mètres carrés : coût total 2.000 francs.

On emploie souvent les femmes au triage et au séchage, surtout dans la province d'Oran. En été, on peut réduire le nombre des ouvriers ; pendant les pluies, il est quelquefois prudent de l'augmenter ; nous avons pris une moyenne. En été, l'alfa sèche en 3 ou 4 jours ; au printemps, en 7 ou 8 ; dans la saison des pluies il faut le double, le triple de temps et même davantage.

Pour arracher, trier et sécher, on compte 1 ouvrier pour 20 à 30 tonnes annuelles.

(1) Le jeune alfa, de avril, mai à juin pendant la végétation, perd quelquefois plus de 35 0/0, mais l'alfa mûr après l'été, ne perd souvent pas 10 0/0 ; la moyenne de 15 0/0 est donc assez exacte.

(2) Les 100 kilos d'alfa vert que l'on achèterait par exemple 2 fr. 40, n'en représenteraient donc que 80 à l'état sec ; il faudrait par conséquent en récolter et transporter 125 de vert pour en produire 100 de sec, ce qui porterait le prix de l'alfa sec et trié à 2 fr. 60 — soit 3 fr. en ajoutant 0 fr. 40 pour les frais de séchage et triage.

Si les arracheurs se chargeaient, sur place, de ces deux opérations, le transport serait moins onéreux (100 kilos au lieu de 125) et la marchandise arriverait en meilleur état ; lorsque l'alfa est convenablement séché, comme il n'y a plus de fermentation à redouter, il craint moins l'eau et se dessèche d'ailleurs très vite ; il y a donc beaucoup moins d'inconvénients à le transporter sec ; du reste, il serait facile de bâcher la charge sur le chameau de manière à l'abriter de la pluie.

Le séchage serait établi, autant que possible, au centre du lot communal (lot de 3.000 hectares par exemple) ; les transports dans l'intérieur du terrain seraient minimes, le même chameau porterait au moins 6 fois cent kilos par jour et 5 chameaux suffiraient pour 250 tonnes par mois.

Il y aurait ensuite à transporter cet alfa à dos de chameaux (faute de mieux), du chantier de séchage à celui de l'emballage, lequel doit-être établi, autant que

fois visitées, mises en paquets (1) et aussitôt après transportées et emmeulées auprès des presses à emballage (2).

4. — L'emballage a pour principal but de préserver la
marchandise et d'en réduire le plus possible le volume,
c'est-à-dire le prix de transport par voie ferrée et le
frêt.

On emploie de préférence certaines presses à manège
fabriquées à Oran. La compression, trop forte avec la
presse hydraulique et le cerclage des bottes en lames
de fer, produit une fermentation intérieure qui dépré-
cie l'alfa situé au centre ; une compression moins forte
est préférable (3).

possible, près de la gare d'expédition des balles ne peuvent être facilement
transportées à dos de chameau).

Le prix de revient s'établirait comme suit : (par exemple) achat aux Arabes
venant de 30 kilomètres (dist. max.) 100 kilos d'alfa bottelé, séché, trié,
3 à 3 fr.50 ; mais souvent les terrains à alfa sont plus éloignés du chemin de
fer et le prix de revient est alors beaucoup plus élevé : à une distance de
20 kilomètres, le chameau peut aller et venir dans la même journée ; 10 kilomètres de plus font perdre une journée ; à 40 kilomètres, le prix de revient
atteindrait 5 francs au chantier d'emballage. Il faut donc éviter d'exploiter à
une trop grande distance de la voie ferrée.

(1) Des tâcherons à 0 fr. 25 par quintal font des paquets 3 à 4 fois et même
5 à 6 fois aussi gros que ceux apportés précédemment, et ils fournissent la
corde d'alfa nécessaire à ce travail.

(2) Les meules sont recouvertes d'un chaume de diss ou bâchées. Dans les
chantiers bien ordonnés, les brins d'alfa provenant des déchets de triage et des
bottelettes accidentellement déliées, servent à confectionner les cordes d'emballage ainsi que les filets de bâts ; les sécheurs se livrent à ce travail dans leurs
moments perdus, ce qui diminue le déchet.

Ces brins, triés, sont repris pour 1 fr. 50 le quintal.

(3) En 1878, la meilleure presse ne donnait que 30 balles de 165 kilos en
moyenne par jour à 0 fr. 30 la balle, aujourd'hui on obtient à meilleur
compte.

La presse hydraulique réduit davantage le volume, mais c'est au préjudice de
la marchandise, et en outre elle est trop coûteuse, trop difficile à réparer, à
installer et à déplacer.

La presse à manège (1.500 à 2.200 fr. à Oran) coûte de 3 à 4.000 fr. (au
plus) outillage, accessoires, transport et installation compris. L'atelier d'emballage complet pour une presse ne doit pas coûter plus de 10.000 fr. (presse

5. — *Espagne.* — Dans tous les pays producteurs, on exploite à peu près de la même façon (arrachage, séchage, emballage, etc.)

4.000 fr., hangars rustiques, tentes, matériel divers, chevaux, etc., 6.000 fr.).

Une seule presse pourrait emballer 750 tonnes par mois, 6 à 8.000 par an. Pour 20.000 tonnes annuellement, il suffirait de 3 presses et l'installation complète ne dépasserait pas 20.000 fr.

L'expérience a prouvé que le quintal (100 kilos) d'alfa pressé en balles revenait à 0 fr. 60 au plus. Cet emballage se donne habituellement à l'entreprise (3 à 4 0/0 de déchets. — 5 à 6 hommes par presse).

A ce prix de 0 fr. 60, il convient d'ajouter, pour manipulations diverses, emmagasinage, transports à la gare voisine, chargements et déchargements, déchets accidentels, entretien et amortissement (en 10 ans) de l'installation, etc., 0 fr. 40. Ce qui fait pour toute l'opération 1 fr. par quintal (sur wagon).

Lorsque le peuplement est à une distance de 10 à 20 kilomètres de la gare, l'alfa sur wagon revient donc au plus à 3 fr. 50 + 1 = 4 fr. 50 le quintal *si l'on sait bien exploiter.* Mais nous le répétons, ce prix est ordinairement de beaucoup dépassé, la distance étant souvent plus grande et la surveillance laissant à désirer.

Pour compléter le calcul des frais de production, il resterait à compter :

1° — Les frais généraux, assurances, loyers des concessions et chantiers, etc. (frais qui varient suivant les exploitations).

2° — Le transport par chemin de fer (suivant les lignes et distances, généralement à raison de 0 fr. 09 à 0 fr. 10 par tonne et par kilomètre.

3°. — Frais au port, courtages, etc.

4°. — Frêt (le frêt pour l'Angleterre est actuellement de 12 à 14 francs.)

5°. — Intérêt, etc.

Avec de la surveillance et *du savoir faire,* nous estimons que, pour une exploitation de 20.000 tonnes annuellement, le peuplement le plus éloigné étant à 20 kilomètres de la gare et celle-ci à 200 du port (par exemple), les frais de production ne devraient pas dépasser les chiffres suivants :

A la gare d'expédition, sur wagon	5 fr. 50 le quintal.
A bord (embarquement)	7 70
Au port de débarquement (Angleterre)	9 » —

Quelle que soit la qualité de l'alfa.

D'après M. Debattes :

Achat	2 50
Perte, déchets	0 25
Transport du chantier à la gare	0 25
Chargement sur wagon	0 05
Total	3 05
Chemin de fer, 103 kilos 0 fr. 40 par 100 kilos	1 57
Déchargement et transport à bord	0 20
Les 100 kilos à bord	4 82 —

La méthode d'exploitation vient d'Espagne et nous aurions dû mieux l'imiter.

Dans ce pays que nous avons visité tout exprès, l'arrachage se fait au bâtonnet comme en Algérie, comme en

L'exposé officiel de la situation générale de l'Algérie, année 1885, présenté par M. L. Tirman, gouverneur général de l'Algérie (pages 260 et 261), donne un tableau de l'exploitation des alfas d'où ressortent les chiffres suivants, calculés sur une récolte de plus de 3.204.000 quintaux dans 261 chantiers distribués, dans toute l'Algérie, sur 1.376.363 hectares concédés à des distances variables de la mer : 9.800 arracheurs.

Prix de vente moyen au port d'embarquement   9 fr. 80   ⎰ 10 70 pʳ Constantine,
Prix de revient moyen...................   1   »   ⎱ transport compris.

Distance moyenne des peuplements à la mer, 250 kilomètres.

Le prix de revient peut se décomposer ainsi :

Alfa sec............................... 2 fr. 70
Transport par voie ferrée, autres frais 3   30
                                              ————
Total (moyenne sur toute exploitation) 6   »»

Pour la plus grande concession algérienne (département d'Oran), celle d'El Aricha, située à 250 kilomères de la mer (moyenne distance), le dit tableau officiel donne les chiffres suivants :

	Chiffre du Tableau officiel	OBSERVATIONS
Contenance....................	312,903 hectares.	
Nombre de chantiers ou de bascules.....................	51	6.000 hectares par chantier.
d'achat Nombres d'arracheurs (Européens, indigènes)................. .	5.124 hommes.	100 par chantiers, ou par 6.000 hectares pour 437 × 6000 = 2.622 tonnes, 1 ouvrier pour 26 tonnes 22. (L'alfa étant sec et trié), 2 fr. 74 le *quintal*, sec qualité inférieure.
Salaire moyen (beaucoup d'Espagnols).....................	3 fr. 10	
Nombre de quintaux d'alfa arrachés.................... en 1884	1.174.670 quint.	
Rendement moyen à l'hectare...	437 kilos.	
Frais d'exploitation moyens à l'hectare	12 fr.	
Prix de vente au port d'embarquement	98 fr.	
Exportation	Angleterre	

NOTA. — Tous ces chiffres confirment tout à fait nos calculs précédents. El Aricha, à 1 300 mètres d'altitude, est un poste important situé à l'extrême limite méridionale du Tell oranais — 223 kilomètres d'Oran. — Les alfas sont au sud de ce point : (dist. moy. 250 kilomètres).

Tunisie, comme partout, mais les arracheurs y sont beaucoup plus soigneux et cela s'explique.

C'est que les mêmes ouvriers sont sans cesse employés sur les mêmes terrains, en famille, avec les femmes et les enfants ; tous travaillent ensemble, chez le même propriétaire ou le même fermier, les terrains à alfa étant presque tous, en Espagne, des propriétés particulières.

Là, les mesures administratives pour préserver l'alfa n'existent pour ainsi dire point et ne sont pas nécessaires ; le propriétaire tient naturellement à la conservation de son bien et le fermier (toujours à long bail) est fort soucieux de l'avenir de son industrie. L'un et l'autre réglementent l'exploitation dans un but de conservation ; les réglements, presque tous verbaux. diffèrent plus ou moins. suivant les idées de chacun, mais la plante se trouve toujours ménagée.

Dans une bonne exploitation, la même touffe n'est jamais récoltée pendant plus de deux ou trois années consécutives, ni pendant plus de deux printemps ou deux étés de suite. Cela n'a pas besoin d'être écrit, ni même recommandé.

L'arracheur fixé à son travail, s'intéresse à ses touffes qu'il connait parfaitement et qu'il ménage instinctivement (1).

Nous avons vu des arracheurs espagnols remettre très adroitement en place, par une pression du pied, et recouvrir d'une poignée de terre des racines qu'une secousse trop brusquement imprimée au bâtonnet avait fait sortir de terre ; nous en avons vu qui, sans perdre de temps, tout en continuant l'arrachage, rafraichissaient des souches en extirpant avec la main (ou avec une espèce de petite pioche) les racines mortes qui les encombraient.

(1) Il évite de dépouiller la touffe de toutes ses feuilles.

Tout cela se faisait sans surveillance apparente. Cepen·
dent, les ouvriers s'échelonnaient avec méthode sur le
terrain en avançant tous dans le même sens.

L'alfa est toujours parfaitement trié et *classé* par l'arracheur lui-même ; aussi le produit est-il d'une qualité
très régulière qui lui donne du prix.

Qu'on ne vienne pas nous dire que « l'exploitation
» imprévoyante et mal reglée en Espagne a tellement
» appauvri le peuplement de cette région, qu'aujour-
» d'hui les Espagnols sont obligés d'aller chercher dans
» le Tell oranais et au Maroc les alfas de choix dont ils
» ont besoin pour leur industrie (1). »

C'est encore une erreur: une partie des peuplements
d'alfa a été défrichée pour d'autres cultures, mais la densité des alfas n'a pas diminué en Espagne et la demande
y a toujours de beaucoup dépassé l'offre, la qualité
s'étant conservée bonne. Les alfas de choix que les
Espagnols viennent chercher en Afrique, sont précisément destinés à compléter des commandes d'alfa d'Espagne de deuxième qualité : la marque du marchand
espagnol élève les prix de ces alfas algériens au niveau
de la deuxième qualité d'Espagne (2).

En 1868, l'alfa espagnol (à Carthagène) se vendait
190 francs la tonne ; l'alfa algérien (à Oran) valait alors
180 francs ; cette différence de prix était due en partie à
la marque (3). Depuis cette époque, les besoins ont été
en augmentant et, pendant que les prix se sont soutenus
en Esprgne, ils ont baissé sensiblement et d'une manière
continue en Algérie, quoique l'offre n'ait jamais excédé
la demande. Ainsi, en 1884, la consommation générale

(1) Histoire d'une botte d'alfa.

(2) Il existe sans doute quelques mauvaise exploitations en Espagne, mais
c'est l'exception et nous ne les donnons pas pour modèle.

(3) La différence des prix de transport (frèt) étant insignifiante (Carthagène
et Oran).

fut de 200.000 tonnes environ, au prix moyen de 175 francs pour les alfas d'Espagne, et de 130 seulement pour ceux d'Algérie (1). En 15 ans, la consommation a plus que doublé ; les alfas algériens ont baissé de 50 francs et ceux d'Espagne de 15 seulement ; la différence entre les deux qualités n'était d'abord que de 10 francs, elle a atteint 45 francs (2).

La différence signalée ne tiendrait-elle pas à ce que l'alfa espagnol servirait principalement à la sparterie, exceptionnellement à la papeterie, tandis que la proportion inverse existe en Algérie, moins par suite de l'infériorité du produit qu'en raison de l'absence d'ouvriers spartiers, et de ce fait n'a qu'un marché restreint auquel suffit à peu près la production espagnole. Nous avions pensé tout d'abord que cette raison devait être la principale, mais en étudiant la question sur place, c'est-à-dire en Espagne, sur les chantiers d'expédition, et en Angleterre sur les lieux de réception et sur les

(1) Nous ne parlons que des premières qualités.

(2) Comment expliquer ce fait. La baisse des alfas semble tenir de deux causes principales : *la première* (générale) a atteint non seulement tous les textiles, mais la plupart des produits ; elle se rattache à une crise commerciale et industrielle, et nous n'avons pas à traiter ici cette grave question. Ce n'est guère que cette première cause qui, jusqu'à présent, a influencé le marché des alfas espagnols. *La deuxième* tient à la qualité de la matière et elle influe en même temps que la première sur le cours des alfas algériens. Ceux-ci sont tombés au niveau de succédanés inférieurs qui encombrent le marché anglais, succédanés qui leur font concurrence; tandis que l'alfa espagnol s'est tenu, par sa qualité, au-dessus de cette concurrence, et malgré la crise générale il n'a presque pas fléchi.

Les terrains à alfa étant relativement très limités en Espagne, le cours de l'alfa aurait pu peut-être s'y élever à cause de la rareté du produit, s'il ne s'était trouvé contenu par celui d'autres succédanés supérieurs. D'un autre côté, il ne pourrait guère s'abaisser au-dessous du chiffre de 150 fr dernière qualité; la valeur du terrain, *les droits multiples*, les transports, etc., rendant en ce pays les frais de production tellement élevés qu'ils ne seraient plus couverts.

L'alfa qui se vend moins de 150 francs à Londres comme alfa espagnols, n'a pas été récolté en Espagne, ou bien c'est une marchandise avariée ou saisie; il en est de même des alfas algériens qui se vendent moins de 80 francs.

marchés, nous avons constaté que l'Espagne *exportait* en Angleterre, *pour la papeterie*, près des 2/3 de ses alfas et que les papetiers anglais préféraient cette marchandise espagnole à celle de provenance algérienne; ils prétendent que la première donne une meilleur pâte que la seconde, que le triage et l'emballage en sont plus soignés et que le rendement en est par suite plus grand. Ainsi la qualité de l'alfa, comme marchandise industrielle, dépend, non seulement des qualités textiles de la plante, mais surtout des *soins* portés à la manipulation, à l'emballage, etc. Nous aurons l'occasion de traiter cette question à fond au chapitre III.

Donc, en dehors de toutes causes générales de baisses, il est évident que la qualité des alfas espagnols s'est beaucoup mieux soutenue que celle des alfas algériens, et que, par conséquent, ces derniers sont mal exploités et par suite en dépérissement.

Dans notre belle colonie algérienne, nous vivons trop au jour le jour, nous nous inquiétons trop peu de l'avenir; nous ne ménageons assez ni les plantes ni les hommes du pays; nous nous maltraitons souvent nous-

Prix des alfas à Londres. — Marché du 1er décembre 1885
(d'après le journal des papetiers anglais " Paper making "

Espagne		Première qualité	175 fr.	»
		Deuxième qualité	156	25
Algérie	Arzew	Première qualité	127 fr.	50
		Deuxième qualité	145	»
	Oran	Première qualité	125	»
		Deuxième qualité	108	75
Tunisie	Souce	Première qualité	37 fr.	50
		Deuxième qualité	131	16
	Sfax	Première qualité	131	25
		Deuxième qualité	127	50
Tripoli		Première qualité	127 fr.	
		Deuxième qualité	108	75

mêmes, et les étrangers que nous admettons à partager nos travaux n'ont aucun intérêt à agir moins légèrement que nous. Aussi les Espagnols qui récoltent soigneusement l'alfa chez eux ne font-ils pas de même chez nous.

Comment porter remède à cet état de choses? Quelles en sont les véritables causes?

C'est une grave question algérienne que nous ne devons pas traiter dans cette monographie. Pouvons-nous du moins atténuer le mal en ce qui concerne l'industrie alfatière? C'est ce que nous examinerons dans un autre chapitre (IV).

6 — En Tunisie, on exploite par les mêmes méthodes qu'en Algérie et, quoique l'administration n'y impose aucune mesure particulière pour empêcher le dépérissement, l'alfa de provenance tunisienne est toujours, comme en Espagne, de première qualité, tandis que presque tous les alfas exportés d'Algérie et de Tripoli, sont relativement très inférieurs.

Cependant, en général, sur la touffe, l'alfa tunisien n'est pas préférable à celui des bons peuplements algériens.

Il est donc évident qu'en Tunisie on apporte plus de soins à l'exploitation industrielle, *on choisit mieux la feuille...* Pourquoi ?

C'est parce qu'on y est bien obligé, à cause des droits qui frappent l'alfa à la sortie de ce pays, droits assez élevés pour être un obstacle à l'exportation des produits inférieurs.

7.— En Tripolitaine, ces droits n'existent pas, l'exploitation y est un véritable pillage et la marchandise qui pourrait être bonne se trouve dans des conditions déplorables. Elle est avilie par toutes les impuretés qu'on y laisse.

Les alfas y sont tantôt coupés à la faucille, tantôt arrachés avec leurs racines.

C'est le premier âge de nos exploitations algériennes, et, si des mesures sévères ne sont pas immédiatement prescrites, le dépérissement se montrera bientôt en Tripolitaine comme il s'est montré dans notre colonie.

ARTICLE 3

Sᴏᴍᴍᴀɪʀᴇ. — Causes de dépérissement. — Naturelles.
— Modifications des éléments du terrain par suite
de la désagrégation des pentes sous l'action des
eaux pluviales, de la gelée et de la sécheresse.
Artificielles : Exploitation vicieuse, pâturage des
troupeaux, action comparée des différentes espèces
d'animaux.

<hr>

1.— Le dépérissement de certains peuplement d'alfa en Algérie est un fait parfaitement constaté.

Sur des terrains qui, il y a peu d'années, étaient encore couverts d'alfa d'une vigueur remarquable, on ne trouve plus aujourd'hui que des touffes clair semées, chétives et donnant un médiocre produit, tandis que d'autres peuplements, depuis longtemps observés, n'ont pas sensiblement changé d'aspect, ayant conservé leur densité et continué à produire un bon textile.

Quelles sont les causes du dépérissement ? Sont-elles plutôt naturelles ? Sont-elles surtout artificielles ?

2.— Au chapitre 1ᵉʳ de ce mémoire, nous avons entrevu quelques-unes des causes naturelles, nous avons parlé de l'exhaussement, de l'encombrement des touffes, de l'étouffement des tiges, de la modification du terrain produite par la plante elle-même, de la difficulté avec laquelle les peuplements se régénèrent, toutes causes de dépérissements qui d'ailleurs sont communes à beaucoup de végétaux.

En traitant la question du terrain préféré, nous avons essayé d'étudier le rôle de chacun des éléments qui influent plus ou moins sur la végétation de cette plante, soit physiquement, soit chimiquement, directement ou indirectement.

Nous avons encore à discuter l'action des divers agents météoriques : sécheresse, gelée, neige, pluie, vent, etc., qui contribuent à la modification des éléments du terrain.

Si la région des Hauts-Plateaux est brûlante et sèche en été, il y neige et il y gèle en hiver ; il y pleut en automne, et surtout à la fin de l'hiver ou au premier printemps ; il y tombe, même de loin en loin, des averses torrentielles en été.

Sur certain sol (argilo-calco-silicieux), l'influence de l'air et du soleil, etc., détruisent la ténacité des terres, qui en sont progressivement divisées.

La neige y agit physiquement aussi, elle le fait comme les sables, en protégeant ces terrains contre les effets destructeurs des gelées, qui, de même que la sécheresse, crevassent les parties trop argilieuses, et en retenant, au profit de la végétation, la chaleur de la terre et le peu de gaz qui pourrait s'en dégager sous son influence.

Les terres exposées, sur une grande surface, aux alternatives de la sécheresse, de l'humidité, de la gelée, de la neige, etc.. deviennent plus poreuses, plus meubles, plus facilement perméables aux racines, plus absorbantes, etc.; mais aussi les racines y sont moins solidement attachées.

A ces points de vue, les effets produits par ces divers agents paraissent généralement favorables à la végétation de l'alfa : mais, dans certains cas, ils peuvent lui nuire au contraire, notamment par la désagrégation des pentes et la formation de dépôts dans les fonds.

3. — Comme on le sait, l'air agit de concert avec l'eau pour décomposer, désagréger les roches superficielles et produire des ravins, des excavations sur les pentes et des éboulements au pied des monts escarpés ; les rochers forment des sables qui sont entraînés par les eaux dans les parties basses ; les torrents, suivant la nature des

pentes sur lesquelles roulent leurs eaux — parfois avec une violence et un débit extrêmes en Algérie — dégradent ou obstruent, de leurs dépôts, les vallées qu'ils parcourent.

Ces dépôts, dont l'épaisseur est peu sensible d'abord, peuvent croître et atteindre, *avec le temps*, une valeur assez notable pour changer la nature du sol qui, sur les Hauts-Plateaux algériens, reçoit encore le sable apporté par les vents du sud. Ce sable arrête la marche fertilisante des eaux : celles-ci disparaissent rapidement en sous-sol pour reparaître en partie sur les chotts, qu'elles salent, après avoir lavé la terre, et là, en été, elles s'évaporent aussitôt sous l'action d'un soleil brûlant.

Le sirocco, soufflant avec violence et toujours dans la même direction à travers ces grandes steppes presque dénudées, déplace continuellement les sables.

Ce vent, venant du désert, non-seulement entraîne les sables vers les confins du Sahara (cordon ou massif saharien), mais, déchaîné par le déboisement (ou une dénudation naturelle), il les pousse vers l'intérieur des terres, quelquefois jusqu'au pied des arbres rabougris, qui, entremêlés de genévriers, de lentisques, de genêts, de jujubiers, de diss, d'alfas et autres plantes, constituent encore çà et là ce qu'on appelle des forêts dans la région des Hauts-Plateaux ; il les porte même jusqu'au Tell, dont il pourrait modifier peu à peu le climat et la végétation.

« La dégradation du sol, qui se produit dans les Hauts-
» Plateaux, tend à resserrer les nappes d'alfas d'une
» manière lente, mais progressive, et peut s'expliquer
» comme il suit : le sable argilo-siliceux qui est mélangé
» aux pierrailles calcaires, sur le versant des collines, est
» entraîné dans les dépressions par les pluies torren-
» tielles de l'hiver et y recouvre le terrain où croissait

» l'alfa ; cet ensablement est favorisé par les influences
» climatériques, » dont nous avons parlé, « ou par le
» fait de l'homme et des animaux qui font disparaître
» la broussaille dont les racines maintenaient la terre
» sur les pentes. L'alfa reste en possession des versants
» devenus de plus en plus calcaires, mais il est chassé
» des versants ensablés.

» Le fait du resserrement des nappes d'alfas dans la
» région des Hauts Plateaux oranais est constaté, mais
» son explication n'est qu'une hypothèse plausible ; il
» serait facile de la contrôler par l'observation, car, si
» elle est vraie, les hivers pluvieux doivent favoriser la
» végétation de l'alfa dans les pentes, mais la faire
» disparaître sur le bord des dépressions et dans les
» terrains horizontaux. » (1)

Ceci est exact pour certains terrains et certaines
expositions , mais, dans d'autres bassins, nous avons
observé que des pluies intenses, poussées par des vents
violents et frappant des pentes à terrains sableux (silico-
calcaire), exposées au sud, les ont désagrégées fortement
en entraînant le sable en assez grande quantité pour
former à leur pied de puissants dépôts: dans ces lieux
(relativement restreints), les peuplements d'alfas, autrefois très riches, ont autant souffert sur ces pentes, où la
plante a été déchaussée, que dans les parties basses, où
elle s'est trouvée ensevelie. Pour ces pentes qui regar-
dent le Midi, n'est-il pas permis de penser que le vent
du sud finira par y ramener le sable que la pluie en a
arraché ?

En résumé, sous l'influence des divers phénomènes
météoriques dont il vient d'être question, les différents
éléments géologiques se divisent, se séparent, se ren-

____
(1) M. Mathieu, conservateur des forêts à Oran.

contrent, se mélangent, se superposent d'une manière
tantôt favorable, tantôt nuisible à l'alfa.

Une sécheresse persistante de plusieurs années peut
encore être une cause passagère de dépérissement.

Quoi qu'il en soit, toutes ces causes naturelles n'ont
qu'une portée insignifiante sur la diminution des peuplements d'alfas, et, du reste, elles sont pour ainsi dire
irrémédiables; ces faits, que nous venons de signaler,
ne sont d'ailleurs pas particuliers à notre époque et ne
nous ont pas empêché de trouver des peuplements qui
existaient depuis des siècles, et qui, aujourd'hui, s'épui-
sent rapidement.

Cherchons donc dans l'étude des causes artificielles
de dépérissement, qui sont générales et beaucoup plus
actives, les mesures à prendre pour atténuer le mal
constaté.

4. — Ces causes artificielles consistent dans une exploitation vicieuse, et très accessoirement dans le pâturage
des troupeaux; il est aisé de s'en convaincre en compa-
rant entre eux les divers peuplements : ceux qui sont
exploités depuis plus ou moins de temps, et ceux qui
sont encore vierges.

On a commencé à récolter l'alfa vers l'ouest dans la
zône la moins éloignée de la mer (Tell Oranais) et l'on
s'est avancé progressivement vers l'est et le sud; aussi
l'exploitation vicieuse a-t-elle détruit l'alfa presque complètement dans le nord du Tell Oranais; pour les 2 3,
dans le centre; pour la 1 2, dans le sud; pour le 1 3,
dans les Hauts-Plateaux exploités au nord du " Chott ";
pour moins, dans les concessions de la Compagnie
Franco-Algérienne, qui n'exploite chaque année qu'une
partie de l'alfa produit (du tiers à la moitié), faisant
porter la récolte sur les meilleures parties, laissant se
reconstituer les plus mauvaises; pour 1 3 ou 1 4 égale-

ment, dans les peuplements exploités des départements d'Alger et de Constantine. Quant aux peuplements vierges, ils n'ont pas souffert (sud du Chott, Zahrès, Hodna, Sbakhr de la Meskiana et de Tebessa, etc.)

« Les touffes qui ont résisté à des exploitations répé-
» tées sont affaiblies et ne fournissent plus qu'un pro-
» duit inférieur à l'ancien, comme quantité et qualité.
» On sait, en effet, que les tiges et les racines s'étiolent
» et meurent progressivement, quand leurs tissus ne
» peuvent pas s'enrichir du carbone puisé dans l'atmos-
» phère par les feuilles et circulant avec la sève ascen-
» dante. »

Dans la plupart des peuplements, les touffes récoltées, pendant plus de trois années consécutives, ont perdu leur vigueur pour ne produire que des feuilles chétives, dépérissant par la pointe plus vite que les autres.

5. — L'exploitation est vicieuse, parce qu'elle est continue et parce qu'elle est brutale :

1° Généralement, on récolte les mêmes touffes aux mêmes époques, souvent sans intermittence, sans période de repos, — souvent même deux fois dans l'année, quel que soit l'âge de la plante, sans y laisser au moins une certaine proportion de feuilles. On épuise ainsi la plante en la privant du carbone qu'auraient élaboré les feuilles anciennes ; on l'épuise encore en ne lui donnant pas le temps de reconstituer ses organes mutilés par l'arrachage ; en outre, on épuise le sol auquel on ne laisse pas de nourriture végétale réparatrice.

L'alfa, avons-nous dit, a constamment besoin de ses feuilles, organes de nutrition ; mais il souffre plus ou moins, suivant la saison où il en est dépouillé et suivant l'âge des feuilles extraites (1).

____

(1) La feuille a moins d'action quand elle a un an ou plus que quand elle n'a que quelques mois.

La saison la plus dangereuse est le printemps (1) où la plante a le plus besoin de nourriture : après deux années consécutives de récolte à cette époque, le dépérissement de la touffe est déjà très sensible.

Dans les touffes vierges ou qui n'ont pas été exploitées depuis deux ans et plus, la récolte printanière présenterait moins de danger si l'on avait soin, comme en Espagne et dans quelques rares concessions algériennes, de n'y cueillir que les feuilles mûres, les plus longues et qui, approchant par conséquent de l'âge de l'élimination naturelle (2) (plus de douze mois), n'ont plus autant d'effet utile pour développer la plante ; il ne serait pas très difficile dans ce cas à un ouvrier exercé et consciencieux de laisser sur la touffe les feuilles les plus jeunes (3), qui sont les plus courtes et qui, par suite, échappent à la manoque (poignée), s'il savait la saisir assez adroitement avec le bâtonnet. Malheureusement cette opération de-

(1) Avril et mai surtout.

(2) « Quand les alfas sont vierges ou n'ont pas été récoltés depuis deux ans et » plus, chaque touffe présente une série de feuilles d'âges successifs : on peut » alors en extraire à une époque quelconque de l'année, mais seulement pour la » papeterie, un produit dit loyal et marchand : l'ouvrier laisse sur la tige les » feuilles les plus courtes qui sont aussi les plus jeunes, car elles échappent à la » poignée qu'il saisit ; il arrache les feuilles d'âges intermédiaires et celles » qui ont commencé à noircir par la pointe sans que la proportion de ces der- » nières soit assez forte pour faire rebuter le produit. On pourrait obtenir de » l'alfa de papeterie en renouvelant l'exploitation chaque année à la même épo- » que, mais cette récolte faite en dehors des conditions normales de maturité » ne saurait se perpétuer sans nuire à la conservation de la plante et à la qua- » lité de la marchandise. » (" L'alfa dans le département d'Oran ", par M. Mathieu, conservateur des forêts, à Oran.)

(3) Avant sa maturité, la feuille d'alfa est relativement peu fibreuse ; elle donne beaucoup de déchet au séchage, peu de rendement et une faible pâte à papier ; par suite, sa valeur est inférieure à celle de la feuille mûre. En outre, elle est tout à fait impropre à la sparterie. Quand on récolte une touffe deux fois dans une année, le produit devient tout à fait inférieur, comme quantité et comme qualité, à celui d'une seule récolte annuelle faite en temps utile ; l'ouvrier a ainsi augmenté ses frais et sa peine pour une mauvaise marchandise, et, en outre, il a épuisé la plante pour l'avenir.

mande encore une certaine attention, une certaine expérience, et, si elle est facile en Espagne où l'exploitant récolte avec méthode un champ d'alfa qu'il a tout avantage à ménager, il n'en est pas de même en Algérie, où l'ouvrier, généralement mal surveillé, n'a qu'un intérêt : récolter le plus rapidement possible, c'est-à dire arracher à la fois une grosse poignée où entrent les longues feuilles avec une partie des petites, sauf à la secouer pour faire tomber ces dernières, — si encore il prend ces précautions pour obtenir une meilleure marchandise.

Dans un peuplement exploité d'une manière continue et sans méthode (c'est le cas le plus général), la récolte au printemps ne peut évidemment porter que sur les nouvelles feuilles imparfaitement développées, puisque, dans ce cas, il n'y en a pour ainsi dire pas d'autres (1) ; cette récolte, tout en donnant un mauvais produit, appauvrit considérablement la touffe dont les organes non arrachés ne peuvent plus s'enrichir de carbone, à tel point que la plante ne peut guère résister plus de trois ans à un tel traitement. L'enlèvement des feuilles vertes de l'alfa a le même effet épuisant pour la plante qu'un fauchage répété du gazon au premier printemps, ou que l'arrachis des feuilles d'un arbre en plein été.

En extrayant les feuilles quand elles ont atteint leur maturité, il n'y a pas arrêt dangereux dans la végétation de l'alfa, la plante ayant accumulé presque en entier sa réserve de carbone ; mais sur les Hauts-Plateaux, où

_____

(1) Une touffe dont on extrait chaque année toutes les feuilles au printemps (en mai par exemple), ne contient dès le deuxième printemps que des feuilles nouvelles (de deux à sept mois), dont les plus anciennes, encore courtes, sont celles de l'automne dernier ; dès lors, cette touffe ne contiendra de feuilles mûres, au printemps, qu'une année après qu'on se sera abstenu de l'exploiter à cette saison. Cela étant, si l'on fait en sorte de laisser ces petites feuilles pour ne prendre que les longues âgées de plus d'un an, l'année suivante on pourra continuer de même.

l'ardeur du soleil et la sécheresse sont intenses en été, les bourgeons situés à la base des gaines, — n'étant plus abrités par le feutrage formé par les feuilles mortes, feutrage suffisamment épais, il est vrai, lorsque la touffe n'est pas récoltée tous les ans, — ces bourgeons sont plus sujets à se dessécher si, comme cela a lieu habituellement, la cueillette s'opère sur la même touffe plusieurs années de suite. En effet, dans ce cas, les feuilles sèches qui seules alimentent ce feutrage protecteur, ne se renouvelant plus, celui-ci devient de moins en moins épais chaque année, à mesure que les anciens amas en décomposition tournent en humus : et la plante qui a très peu souffert de la récolte le premier été, s'étiole de plus en plus les étés suivants : c'est ce qui a été observé principalement dans les peuplements de Batna où l'arrachis, interdit au printemps, a lieu tous les étés (1).

Ainsi la récolte d'été étant, pour ainsi dire, partout trop longtemps répétée, sans repos, a causé et cause encore à l'alfa presque autant de mal que celle du printemps, pratiquée comme nous l'avons dit (2).

En automne (dans la période du 20 septembre au 15 novembre), la chaleur est moins brûlante ; les premières pluies chaudes raniment la souche et la végétation recommence, mais elle est beaucoup moins active qu'au printemps : les nouvelles feuilles poussent faiblement, et, jusqu'au printemps, restent assez courtes pour qu'il soit facile d'opérer, sans les toucher, la cueillette

---

(1) Une touffe dont on extrait chaque année toutes les feuilles en été (août par exemple), ne contient, dès le deuxième été de récolte, que des feuilles de quatre à dix mois (du printemps et de l'automne dernier) ; donc, tant qu'on l'exploite, elle ne produit plus de feuilles mortes et le feutrage protecteur tant à disparaître.

(2) Le danger serait évidemment moins grand si l'on pouvait prendre au moins le soin de ne pas dépouiller la touffe de toutes ses feuilles, ce qui est difficile, pour ne pas dire impossible, à pratiquer en Algérie.

des feuilles mûres (feuilles du printemps, âgées en moyenne de six mois et de l'automne dernier, âgées de 13 mois au plus).

Le premier automne est donc l'époque la moins désavantageuse pour l'arrachis. Cependant, lorsque la même touffe est sans cesse exploitée à cette saison, — et c'est le cas général, — la plupart des inconvénients signalés plus haut se représentent et le dépérissement est notable.

Pendant l'hiver (ou plutôt du 15 novembre à mars), sans cesser complètement, la végétation se ralentit beaucoup : la plante alors a moins besoin de nourriture, elle a donc moins à souffrir de la privation de ses feuilles. Mais, à cette saison, surtout quand la plante est jeune, l'extraction provoque l'arrachis d'organes de reproduction et d'accroissement (gaines et racines, etc.), tenant mal à un sol détrempé par les pluies, les neiges, ou soulevé par les alternatives de sécheresse et de gelée, ce qui deviendrait grave si cela se renouvelait souvent : mais la récolte d'hiver est assez rare, car elle est trop désavantageuse à l'exploitant (difficulté et frais de triage, de séchage, de transport, etc.) (1) : ce n'est pas elle par conséquent qui, jusqu'ici, a fait le plus de mal aux peuplements exploités.

2° L'exploitation de l'alfa est encore vicieuse, parce que les procédés actuels de récolte sont généralement pratiqués sans intelligence, sans surveillance, sans soin, trop brutalement.

Nous ne connaissons pas de meilleur procédé mécanique pour cette récolte que l'arrachage au bâtonnet, mais ce procédé, qui vient d'Espagne où l'on exploite très bien, est en Algérie trop brutalement appliqué : le bâton est trop gros, on prend trop de brins à la fois, et on les

---

(1) Elle donne un produit rempli de déchets, sujet à la fermentation, étant humide.

saisit trop bas ; on arrache ainsi les jeunes feuilles et, en imprimant une mauvaise secousse, il arrive souvent qu'on blesse la plante, qu'on arrache les gaînes, les rhizômes et qu'on bouleverse la souche, d'autant plus facilement que la poignée est plus forte, l'ouvrier plus robuste, la plante plus jeune (1), le sol plus meuble ou plus détrempé ; jamais on ne cherche à réparer le mal causé, on arrache indistinctement les touffes de tout âge ; on glane çà et là sans ordres, sans méthode, souvent le chef de chantier ne sait même pas sur quel point se fait la récolte ; pour économiser les transports, on restreint le terrain d'arrachage quelle que soit l'étendue des concessions, et l'arracheur, non surveillé, attaque toujours les mêmes touffes, prenant tout, bon comme mauvais et épuisant la plante.

Quelques personnes ont conseillé l'arrachage à la main gantée, s'imaginant que le bâtonnet était la vraie cause de l'appauvrissement des peuplements d'alfa. Nous avons fait nous-même l'essai du gant et nous n'y avons trouvé que des inconvénients.

Avec le gant (à moins d'être très soigneux et très exercé), on est obligé de saisir les brins trop bas, on arrache aussi trop de choses à la fois, les trop jeunes comme les trop vieilles feuilles, avec une masse d'impuretés contenant des éléments de reproduction d'accroissement de la plante ; le triage devient alors très difficile, très couteux et la racine n'en est pas mieux ménagée ; pour réussir avec le gant, il ne faudrait arracher que très peu de brins à la fois, ce qui serait peu pratique ; il serait difficile d'y astreindre les ouvriers et il faudrait constamment renouveler l'instrument ce qui augmenterait les frais.

(1) Une touffe est généralement trop jeune quand elle a moins de 30 à 40 centimètre de diamètre ; si elle provient de semis naturels, elle doit avoir douze ans d'âge environ.

Le bâtonnet n'est pas un instrument défectueux : c'est la façon dont on en fait usage qui laisse à désirer.

6. — Le pâturage fait à l'alfa beaucoup moins de tort que la récolte quoique la dent de la bête soit un instrument dangereux. C'est que la plupart des animaux ne recherchent pas cette graminée.

Le chameau seul en est friand à certaines époques; au printemps, il choisit l'épi vert de l'alfa (*el bous*) qu'il mange presque aussi bien que le chardon et d'autres herbes ; en automne, il préfère sa feuille à celle du sennagh; en été, il se contente de la maigre végétation des Chotts. Il est évident qu'en laissant pacager trop longtemps sur un peuplement restreint d'alfa, un trop gros troupeau de chameaux, surtout au printemps, ce peuplement est très exposé à souffrir; une touffe d'alfa, broutée ainsi abusivement, est perdue pour la récolte pendant deux années : mangée par le chameau, pendant deux printemps consécutifs, elle dépérit notablement; ceci nous a été démontré par une expérience sérieuse. Mais ce cas ne se présente presque jamais, le chameau est utilisé pour divers transports, précisément surtout au printemps et en automne; il séjourne donc peu dans les pacages à ces deux époques; d'ailleurs, les parcours étant très étendus, la bête ne s'acharne pas à une touffe, elle n'en prend que quelques brins en passant et il est rare que la même touffe soit souvent attaquée.

Le cheval, le mulet, l'âne mangent faute de mieux la feuille d'alfa, mais ces animaux sont friands du rhizôme. Ils pourraient ainsi détruire des touffes, mais ils sont relativement si peu nombreux en pacage que le dégât est ici très insignifiant.

Il en est à peu près de même du bœuf qui broute la jeune feuille et l'épi vert, sans toutefois toucher à la racine.

Les moutons étant souvent très nombreux sur les Hauts-Plateaux (1) feraient de grands ravages à l'alfa s'ils prenaient cette plante pour nourriture, mais ils n'en broutent qu'exceptionnellement quelques jeunes brins et ils mourraient de faim au milieu d'un peuplement d'alfa pur (2) ; aussi les pasteurs des Hauts-Plateaux évitent-ils avec soin d'y conduire leurs troupeaux ; ils y passent très vite en été, quand ils sont forcés de le traverser, c'est dans les dépressions qu'ils les mènent, là où le sol est couvert d'armoise (improprement thym) et d'albardine (Sennagh).

(1) « Les moutons constituent la principale richesse des nomades, presque
» leur unique ressource, et vivent en transhumance sur les contreforts du Sahara,
» remontant plus ou moins au nord sur les Hauts-Plateaux, selon l'abondance
» ou la pénurie des herbages.

» Les centres d'herbages sont les suivants : Sebdou, Daya, Saïda, Frenda,
» Chellala, Djelfa, Boussaada, Batna, Ain-Beïda et Tebessa.

» Tous les ans, après les froids, c'est-à-dire en février et mars, les troupeaux
» remontent les contreforts sud de l'Atlas, s'irradient sur les nombreux plateaux,
» jusqu'à ce qu'ils aboutissent à l'un des divers marchés qui jalonnent Tlemcen,
» Bel-Abbès, Mascara, Tiaret, Teniet, Boghar, Aumale, Bordj-bou-Arreridj,
» Setif, Constantine, Guelma et Soukarras. Puis les brebis et les réserves
» redescendent à nouveau par petites journées, vers les points d'extrème sud
» où leurs guides établissent leurs quartiers d'hiver.

» Ces migrations périodiques, annuelles, s'effectuent avec une certaine régu-
» larité : elles sont pourtant subordonnées, quant à la rapidité de la marche, à
» l'état des pâturages et aux rigueurs des saisons. »

(Algérie Agricole, A. Bouzem.)

(2) Les migrations en plein été, lorsque l'alfa est à peu près seul et que les autres herbes sont sèches, sont mortelles pour le mouton. (L'alfa dans le département d'Oran, par M. Mathieu, conservateur des forêts à Oran.)

Il y a en Algérie, environ :

		Au 31 decem. 1886
Moutons, race ovine		6.810.579
Chèvres, — caprine		3,999.367
Bœufs, — bovine		1.126.886
Chameaux, — cameline		227.431
Anes, — osine		244.874
Chevaux, — chevaline.......		164.690
Mulets, — mulandeir		140.216
Porc, — porcine..........		62 035
Total........		12.773.278

7. — Quant à la chèvre, fléau des végétaux, elle
.mange l'alfa surtout quand il est jeune. Il y a beaucoup
de chèvres en Algérie, notamment dans la province de
Constantine : elles font souvent partie des troupeaux de
moutons qu'elles guident, en les précédant ; dans ce cas,
les troupeaux, par les chèvres qui s'y trouvent, font
quelque mal à l'alfa au printemps et en automne ; mais
ce mai n'est pas grand, parce qu'il pousse, à ces saisons
au milieu des alfas, des graminées plus menues, que la
bête préfère : en été, nous le répétons, les bergers se
gardent bien de séjourner dans les alfas, et en hiver ils
s'établissent beaucoup plus au sud.

En résumé, c'est l'exploitation vicieuse qui est la cause
principale du dépérissement de l'alfa.

ARTICLE 4

Sommaire : Dangers du dépérissement de l'alfa au point de vue des ressources pastorales, du déplacement des sables dans le sud algérien. — De l'industrie alfatière.

1. — « Une exploitation, sans règle et sans trêve, a détruit à peu près l'alfa » dans le Tell algérien, « mais le sol s'y prêtant à l'agriculture, les colons le mettent progressivement en valeur. Il n'en est pas de même dans le sud et surtout dans les Haut-Plateaux, où la conservation de l'alfa présente un intérêt non-seulement commercial, mais cultural (a). »

L'exploitation vicieuse ayant eu pour effet d'affaiblir la plante, d'éclaircir la touffe et de réduire la longueur des feuilles qui ne mesurent que 0^m 40 environ, lorsqu'au début, elles dépassaient 0^m 70 à 0^m 80, a nui au rendement non moins qu'à la qualité,

« Le danger du dépérissement de l'alfa, au point de vue pastoral, est minime pour l'alfa lui-même ; mais il est considérable, si on réfléchit que l'alfa fixe les sables mélangés de calcaire, empêche l'écoulement instantané et l'évaporation des eaux pluviales, fournit de l'ombre à un sol brûlé par le soleil, de l'humus à un terrain pauvre et permet à un grand nombre de plantes fourragères de vivre dans son voisinage pendant quatre mois de l'année. L'alfa est indispensable à la végétation de ces herbages, précieuse ressource pour les nomades, notamment au sud des Chotts et sur certaines dunes, où un dépérissement sérieux serait un désastre non-seulement au point de vue des réserves pastorales, mais encore à celui du déplacement des sables 1. L'alfa ne disparaît que pour faire place au désert. »

(a) L'Alfa dans le département d'Oran par M. Mathieu conservateur des forêts à Oran.

(1) « L'alfa fournit au sol un peu d'humus, y fait pénétrer l'eau de pluie
» par ses racines, provoque un dépôt de rosée et par suite permet à quelques
» graminées de vivre dans son voisinage. Il sert lui-même de nourriture aux
» chameaux, aux bœufs, aux chèvres et exceptionnellement aux chevaux ; après
» sa disparition, le sol est nu, brûlé par le soleil, insuffisamment abreuvé par
» l'eau des pluies qui s'écoule rapidement sans le pénétrer, et le désert succède
» au pâturage.

Déjà, pendant les années de sécheresse, quand les pâturages deviennent insuffisants dans le sud (1), les troupeaux pour se nourrir remontent jusqu'au Tell et nos forêts en souffrent (2) ; que serait-ce si ces pâturages du sud venaient à faire complétement défaut?

D'un autre côté, la fixation des sables dans les dunes est d'une importance considérable (il serait puéril de le démontrer). Or, l'alfa, comme le drinn, est la plante qui remplit le mieux cet objet en attendant que des moyens

» Le sol des Hauts-Plateaux est essentiellement pastoral : dans la zône cal-
» caire il est rarement assez profond pour être susceptible de culture ; dans la
» zône argilo-siliceuse, il est pauvre en éléments minéraux, assimilables et ne
» saurait être cultivé en céréales qu'à deux conditions : l'eau pour les besoins
» d'une population agricole et une abondante fumure qui suppose un nombreux
» bétail ; mais elles feront toujours défaut, car l'eau manque, le bétail exige des
» fourrages. Or, le terrain est trop peu calcaire pour être transformé en prairies
» artificielles et il est trop sec en été pour donner des prairies naturelles, en
» sorte que la terre fournirait de maigres récoltes en épuisant peu à peu la
» réserve d'éléments organiques lentement accumulés et la colonisation décroîtrait
» progressivement. » (" L'alfa dans le département d'Oran ", par M. Mathieu,
conservateur des forêts à Oran.)

Ceci est vrai pour les bassins du Chott (en entier), du Serzou et du Zahrès (en très grande partie), du Hodna (en partie), du Shakhr (dans certaines zônes).

« Dans la région centrale et méridionale des Hauts Plateaux, notamment aux
» abords de Géryville, l'alfa fixe le sable qui, sans lui, serait emporté par le
» vent du Sud, comme on le remarque déjà sur quelques points imprudem-
» ment dénudés, il en résulterait une aggravation de la sécheresse qui se ferait
» encore sentir dans la région du Haut-Tell. » (" L'alfa dans le département
d'Oran ", par M. Mathieu, conservateur des forêts à Oran.)

(1) « C'est moins l'alfa qui alimente les bêtes que les petites herbes qui poussent
» sous sa protection ; mais si cette plante rustique venait à disparaître les
» steppes de l'Algérie se dénuderaient complétement comme le grand désert
» auquel elles servent de préface. » (Docteur SOEMAN.)

(2) L'abus des pâturages détruit les forêts, aussi bien que les incendies, malgré les interdictions et la surveillance malheureusement insuffisante du service forestier.

M. Calinet explique que l'indigène ayant absolument besoin de pâturages pour ses bestiaux, qui sont, pour ainsi dire, sa seule ressource, introduit, quand il en a manqué, ses troupeaux dans les forêts où il met le feu aux broussailles pour avoir du vert, et ce feu se communique aux forêts avoisinantes.

artificiels viennent compléter peut-être ce que la nature
a déjà préparé (1).

2. — Si, au point de vue des ressources pastorales et
du déplacement des sables, le danger du dépérissement
de l'alfa est à craindre, il est déjà très grand au point de
vue de l'industrie alfatière (2).

Pour l'étude de cette question nous avons trois éléments à considérer : quantité, densité, qualité.

3. — 1° Quantité (répandue sur tout le territoire algérien). Comme nous l'avons dit, le dépérissement ne porte
que sur les terrains exploités. Si le dépérissement était
enrayé, il y aurait encore en Algérie, nous le croyons,
plus d'alfa qu'il n'en faudrait jamais pour la consommation européenne (3).

La demande (exportation) n'y a pas encore dépassé le
chiffre de 100,000 tonnes annuelles (4), et notre colonie, si
elle jouissait de voies ferrées assez étendues et de tarifs
assez bas, pourrait en récolter dix fois davantage sur plus
de 4 millions d'hectares (5), de bons peuplements qu'elle
possède, dont 1,400,000 sont déjà concédés, mais seulement en partie exploités (6).

(1) Consolidation des dunes ou terrains sablonneux mobiles, par reboisements
ou gazonnements (presque impossible).

(2) « La décroissance rapide de l'alfa dans les Hauts-Plateaux oranais porte-
» rait un coup funeste à l'industrie alfatière, la population indigène quitterait le
» pays où elle ne trouverait plus pour son bétail un pâturage suffisant ni pour
» elle-même un travail rémunérateur, et les postes militaires du Sud, séparés
» du Tell par une région déserte, ne pourraient être ravitaillés qu'à grands
» frais. » (« L'alfa dans le département d'Oran », par M. Mathieu, conservateur
» des forêts d'Oran.)

(3) Presque autant en Tunisie et en Tripolitaine.

(4) Plus de 80,000 pour la seule province d'Oran, 220,000 de toutes provenances : Algérie, Tripoli, Tunisie et Tripolitaine.

(5) 7,000,000 d'après M. Bastide ; mais nous ne comptons pas les peuplements
qui produisent moins de 200 kilos à l'hectare, nous les considérons comme
inexploitables

(6) Dans la plupart des concessions, on n'exploite que les parties les plus rapprochées des voies ferrées.

Si la demande, qui ne parait pas se ralentir, augmentait au point de rendre insuffisante la quantité d'alfa produite par les exploitations actuelles, les prix de vente s'élèveraient sans doute et permettraient la création de nouveaux chemins de fer qui rendraient exploitables les autres peuplements aujourd'hui laissés en réserve ou mis de côté à cause de leur éloignement (1) (ce sont les meilleurs).

Dans les concessions actuelles, nous pensons que huit ou dix années d'exploitation insuffisamment règlementée (2) suffiraient pour réduire la production de moitié et qu'après vingt années, l'alfa restant serait industriellement inexploitable. Ce résultat serait beaucoup plus vite atteint si toute la production alfatière y était exploitée chaque année sans trève ni règle.

D'un autre côté, la surabondance des peuplements d'alfa (3) ne pourrait, il nous semble, troubler le marché puisque les exploitations étant forcément limitées par les transports (4) et l'alfa étant toujours vendu d'avance (5),

(1) De même en Tunisie et en Tripolitaine.

(2) Ici nous supposons une exploitation assez bien conduite; trois ou quatre années de récolte brutale sans trève ni règle ont suffi ! pour rendre certains peuplements inexploitables, industriellement la plupart des concessions actuelles sont déjà très usées au bout de cinq années d'exploitation passable.

(3) Exploitables actuellement et dans l'avenir.

(4) Il nous parait impossible, au prix de vente actuel, d'exploiter l'alfa ordinaire avec profit, si le terrain est situé à plus de vingt kilom. d'une gare de chemin de fer, et celle-ci, à plus de deux cent cinquante kilom. du port d'embarquement (tarif maximum : 0,09 par tonne et par kil.).

(5) Les grandes exploitations ont des traités commerciaux avec les marchands ou les fabricants anglais, la marchandise livrable mensuellement, régulièrement et toute l'année.

Les moyens et petits exploitants vendent d'avance au comptant la plupart du temps à des intermédiaires ou représentants de commerce ayant le placement assuré. La marchandise est livrable régulièrement aussi, et payable soit sur wagon à la station d'expédition, soit au port d'embarquement, selon que l'exploitant dispose de plus ou de moins de capitaux de roulement; quelquefois des avances en espèces sont faites par les acheteurs. Souvent les intermédiaires

l'offre reste constamment proportionnelle à la demande (1) ; les exploitations ne peuvent s'étendre qu'au fur et à mesure des besoins commerciaux et avec des voies ferrées économiques (2).

L'Algérie serait donc pour l'avenir largement approvisionnée en alfa ; mais dans l'état actuel des choses, il n'y en aurait pas trop, puisque l'on ne doit calculer que d'après les peuplements qui aujourd'hui se trouvent assez bien situés et assez denses pour être exploités économiquement, et que ces terrains sont relativement assez limités (3).

4. — 2° DENSITÉ (rendement à l'hectare des peuplements exploitables).

Dans les conditions actuelles, la question de *densité* du peuplement facilement exploitable (c'est-à-dire de celui qui est situé à proximité, vingt kilom. au plus d'une station de chemin de fer ou moins de deux cent cinquante kilom. du port), est d'une importance assez grande ; à ce point de vue aussi, le dépérissement (4) peut avoir dès aujourd'hui des conséquences fâcheuses pour l'exploitant.

En effet, le transport pèse considérablement sur le prix

sont des armateurs de navires qui demandent la quantité plutôt que la qualité et qui avilissent les prix (chap. III).

(1) Excepté en Espagne où les terrains à alfa sont très restreints, la qualité excellente et où la demande dépasse quelquefois l'offre, ce qui fait que l'Espagne s'adresse souvent à l'Algérie pour compléter ce qui lui manque.

(2) Voies à très-petites sections Decauville ou autres systèmes. Les prix de l'Alfa ne permettant pas l'immobilisation d'un trop fort capital pour les transports, le Franco-Algérien en sait quelque chose.

(3) Dans le raisonnement qui précède, nous avons admis une bonne exploitation. Mais dans le cas où celle-ci resterait vicieuse, l'industrie alfatière disparaîtrait rapidement malgré la quantité.

(4) Aspect d'un peuplement en dépérissement : touffes clairsemées, chétives, basses ; jeunes brins rares et entremêlés de feuilles mortes ou tachées, à pointes grisâtes ou noires, nombreuses souches, usées, improductives, mortes ou en décomposition.

de revient, surtout celui qui est fait en dehors des voies ferrées (ch. II, art. 2).

Il faut donc pour le réduire, masser le plus possible de matière à proximité de la voie d'expédition, ce qui ne peut se faire qu'en faisant produire aux terrains qui en sont le plus proche le plus grand rendement possible (chap. IV).

La main d'œuvre doit être également économisée; plus le peuplement est dense, plus la touffe d'alfa est épaisse, plus les brins en sont longs, plus alors la qualité en est belle, et plus aussi l'ouvrier en arrache dans le même temps; la surveillance s'en trouve également plus facile.

Malheureusement ce sont les peuplements exploités qui dépérissent d'une manière sérieuse; ainsi, par exemple, là où au début d'une exploitation on récoltait par an plus de 600 tonnes de bon alfa par hectare, on ne peut en glaner aujourd'hui que 200 à 300 de médiocre qualité : alors que, par des soins et de la méthode, on aurait pu à peu près maintenir le rendement primitif, on l'a déjà diminué de plus de moitié en moins de dix années, par des procédés vicieux et un abus d'exploitation.

Qu'on y prenne garde! Il pourrait s'établir entre les pays producteurs, entre chaque exploitant de ces pays une concurrence fatale aux uns et doublement profitable aux autres, selon la négligence ou le soin de chacun.

5. — 3ᵉ Qualité. — Dans les peuplements d'alfa, la densité entraine généralement la qualité (c'est un fait facile à vérifier (1) et évidemment la qualité fait le prix.

---

(1) Dans un peuplement d'alfa, les touffes ne sont jamais rapprochées les unes des autres au point de se nuire. L'hectare pourrait contenir sans inconvénient jusqu'à 10,000 pieds d'alfa (6 tonnes de feuilles marchandes); le rendement des peuplements exploitables varie actuellement de 200 à 1.300 kilos à l'hectare; on ne devrait pas compter comme exploitables les terrains produisant moins de 200 kilos.

Dans tous les cas, le dépérissement porte principalement sur la qualité du textile et comme la différence entre les prix des qualités extrêmes dépasse quelquefois 80 francs (1), il s'ensuit que ce dépérissement peut rendre inexploitable le peuplement le mieux situé (2).

Par contre, l'alfa de première qualité peut s'exploiter au loin, même en dehors des réseaux ferrés, ses frais de production étant relativement peu élevés (3) et son prix de vente permettant leur transport (4).

6. — L'alfa, nous l'avons dit, constitue, quand il est de bonne qualité, un succédané de coton, c'est-à-dire que sa pâte à papier se comporte à peu près de la même manière que celle des chiffons de coton, à égalité de frais, et a, sur le chiffon de coton, l'avantage de donner un produit plus régulier, plus homogène, les chiffons de coton étant de plusieurs sortes très variables et demandant un triage et un classement minutieux.

Mais si l'alfa est mauvais, ce n'est plus aux chiffons de coton qu'on le compare, pas même aux médiocres drilles; on l'assimile à d'autres succédanés inférieurs (jute, phormium, paille, bois en pâte, etc.) qui encombrent les marchés en lui faisant une concurrence dangereuse.

(1) Extrait de l'exposé de la situation générale de l'Algérie en 1882.

PRIX DE VENTE AU PORT D'EMBARQUEMENT :

Minimum..................	70.70	qualité inférieure (Oran).
Maximum	150 »	première qualité (Bou-saada).
Différence.........	80.20	

L'alfa de 150 fr. a été vendu pour la sparterie; mais il est excellent pour la papeterie et, comme nous le verrons plus loin (Chap. III), c'est cette qualité qui est appelée, nous l'espérons, à se lever en Algérie l'industrie alfatière.

(2) Ce peuplement relié au port par un chemin de fer est précisément celui qui produit l'alfa de 70 fr. Très à ce prix, il n'y a plus de bénéfice pour l'exploitant. Bou-saada n'a pas de chemin de fer; il est situé à 248 kilom. d'Alger et l'alfa de 150 fr. donne un bénéfice sensible (sa différence de valeur 80 fr. en 1882).

(3) Densité du peuplement, épaisseur de la touffe, longueur des brins, triage facile, plus grande somme de travail en un temps donné.

(4) Voyez la note 3 même page.

De là cet énorme écart dans les prix de l'alfa suivant la qualité (1),

(1) Prix des alfas de papeterie à quai à Londres, d'après le " Paper Making " journal des papetiers anglais :

			2ᵉ qualité	1ʳᵉ qualité
1883	Décembre	Alfas Espagnols...	200 »	212.50
		— Algériens....	151 »	170 »
		— Tunisiens...	160 »	175 »
		— Tripoli......	156 »	162 »
1884	Novembre	— Espagnols....	181 »	206 »
		— Algériens....	121 »	144 »
		— Tunis.......	140 »	147 »
		— Tripoli......	112 »	135 »
1885	Avril	— Espagnols...	178 »	191 »
		— Algériens ...	120 »	141 »
		— Tunis.......	142 »	149 »
		— Tripoli......	118 »	131 »
id.	Décembre	— Espagnols...	156.25	175 »
		— Argen.) Algérie	115 »	127.50
		— Oran..)	108.75	125 »
		— Sousse) Tunisie	131.25	137.50
		— Sfax..)	127.50	131.25
		— Tripoli......	108.75	125 »

Les deuxièmes qualités d'Espagne et de Tunis sont supérieures aux premières d'Algérie et de Tripoli.

Ceci s'explique par les droits de sortie dont sont frappés les alfas espagnols et tunisiens.

Les producteurs sont forcés ainsi de ne récolter que des qualités supérieures: la plante est bien ménagée, ce qui est un grand avantage, mais le brin en est réduit.

Les alfas d'Alger et de Constantine ne sont pas cotés, car il s'en vend relativement peu ; ils sont assimilables comme qualité à ceux de Tunisie quand ils sont bien choisis et quand ils ne proviennent pas de terrains usés, c'est-à-dire quand ils n'ont pas encore dépéri à la suite d'une exploitation abusive et vicieuse ; malheureusement presque tous ceux qui sont exploités se trouvent dans ce dernier cas (Batna et Sétif, ou ne valent guère mieux que la deuxième qualité d'Oran. Dans les parties non exploitées ou peu exploitées, faute de chemin de fer (Hosina, Elkantara, aïn Beïda, Meskiana, Tebessa), la qualité est remarquable ; on y trouve des alfas qui valent ceux d'Espagne notamment dans le Meskoda : l'alfa d'Oran à 108 fr. 75 est le plus répandu en Algérie, c'est le tout venant ; les peuplements qui le produisent sont presque tous en dépérissement ; dans ces alfas, il y a près de 38 o/o de perte de rendement, par dépérissement de la plante ; on trouvera peut-être ce chiffre exagéré ; (théoriquement) ; si dans ces alfas on choisit les brins pour les analyser, on trouvera certainement un rendement supérieur ; mais l'analyse doit être faite industriellement, c'est-à-dire sur plusieurs bonnes prises au hasard ; dans cet alfa tout venant, il y a des brins qui sont de bonne qualité et qui rendent 50 o/o et plus, mais il y en a bien davantage qui ne rendent que 35 o/o ; il y a des poignées qui contiennent des feuilles malades, qui ne comprennent presque plus de fibres utiles. C'est donc le choix des feuilles qui fait la qualité de la marchandise.

La qualité dépend principalement du rendement du textile en fibres utiles (1).

Le rendement dépend de l'état de la plante et aussi des divers soins apportés aux détails d'exploitation (récolte, séchage, triage, emmagasinage, emballage) et des procédés de fabrication.

Etant donné les mêmes soins d'exploitation et les mêmes procédés de fabrication, la feuille d'alfa de première qualité, choisie sur une touffe vigoureuse, feuille mûre à point, bien séchée, sans taches, saine jusqu'aux extrémités, donnera par exemple 60 0/0 de pâte blanchie (déchet 40 0/0), tandis que la feuille d'alfa (même espèce) de deuxième qualité, assez saine d'apparence, choisie sur une touffe en dépérissement parmi les meilleurs brins, ne donnera que 45 0/0 (déchet 65 0/0). *Théoriquement*, si la première vaut 150 francs par exemple, la seconde ne vaudrait que 112 fr. 50 ; mais dans la pratique, la différence est encore beaucoup plus sensible. En effet, dans la touffe vigoureuse où les brins sont sains, réguliers, égaux entre eux, le triage est facile, la marchandise est homogène ; il n'y a tout au plus que 5 0/0 de déchet accidentel à ajouter à celui de 40 (total 45) ce qui met le rendement à 55 0/0 net et le prix à 136 fr. 66 pour la première qualité. Dans la touffe appauvrie, les brins sont très irréguliers, beaucoup sont malingres, tachés, à pointes grisâtre, plus ou moins décomposés ; le triage parfait y est impossible et les déchets supplémentaires (2) y sont très variables et toujours très forts ;

(1) La nature de la fibre influe peu : elle est à peu près la même dans tous les alfas ; les fibres à moitié décomposées qui se trouvent dans les mauvais alfas sont détruites par les produits chimiques, de sorte qu'il ne reste dans la pâte à papier que des fibres de même nature.

La marque de l'exploitant ou plutôt du vendeur (le plus souvent un intermédiaire), influe sur le prix de vente, comme nous l'avons déjà expliqué à propos des alfas algériens vendu par des Espagnols.

(2) Heureusement que peu de peuplements sont tombés aussi bas ; la plus

les produits chimiques dévorant tout ce qui n'est pas
fibre saine. Le rendement industriel n'excède guère dans
ce cas 35 0/0 (déchet 65 0/0), ce qui mettrait le prix à
84 fr. 35 ; mais il y a encore à tenir compte du transport
de ces déchets dits supplémentaires, ainsi que de la qualité de la matière fabriquée, etc. De sorte que, dans
l'exemple ci-dessus (que nous n'avons pas cité au hasard), l'alfa de deuxième qualité ne vaudrait pas plus de
70 à 75 francs à Oran, prix qui ne donne qu'un bénéfice
insignifiant à l'exploitant.

Le danger du dépérissement est donc sérieux et l'on
ne saurait trop faire d'efforts pour l'écarter.

grande partie des alfas algériens (tout venant) se vend couramment 98 franc au
port d'embarquement, ce qui indiquerait un rendement de 45 0/0 net (en pâte
blanche), signe d'un dépérissement déjà notable, le rendement normal devant
être au moins de 50 0/0 net.

Si l'on compare les divers prix de vente pour les mêmes peuplements depuis
douze ans, l'on voit que de 1875 à 1883, les alfas ordinaires (tout venant) se ven-
daient plus de 135 fr. en moyenne (au port d'embarquement) ; aujourd'hui ces
alfas sont descendus à 98 fr., différence 37 fr. Au prix de 135 fr. le bénéfice devait
être (ou aurait dû être) grand, puisqu'il est encore sensible aujourd'hui, sur le
prix de 98 fr., les frais de transport sont moindres aujourd'hui, il est vrai,
ainsi que tous les frais de production en général.

Chapitre III

Manipulation & emploi dans l'Industrie

ARTICLE 1er

Sommaire : Indication sommaire des modes d'emploi
de l'alfa pour la fabrication de la pâte à papier, des
tissus, de la sparterie, des cordes, etc.

1. — La pâte à papier, les tissus, la sparterie, les cor-

des, etc. (1), se fabriquent généralement avec les brins filamenteux plus ou moins désagrégés et apurés de certains végétaux tels que le lin, le chanvre, le coton, l'alfa, les jutes (tiliacées de l'Inde), le phormium tenax (tiliacée de l'Océanie), la Ramie, la paille, le diss, le palmier nain (2), le bois, etc., ou des produits de ces végétaux (chiffons, drilles, étouppes, vieux papier, etc.)

2. — Les filaments de l'alfa (3), quand l'alfa est de bonne qualité, remplacent avantageusement le chiffon de coton dans la fabrication du papier (4).

3. — Pour produire de la bonne pâte à papier, la désagrégation de la feuille doit être aussi complète que possible, mais sans énervement de la fibre (5).

(1) L'alfa produit les papiers de toutes sortes; des tissus, vêtements, rideaux, tapis, toiles, rampes, cordons de sonnette; meubles divers; coiffures, chaussures (espadrilles); tiges de fleurs artificielles; cordes de divers genres; filets de moisson; bâts de bêtes de somme; harnais; crin et laine végétale, nattes, paniers, corbeilles, sacs ou tellis arabes; cabaes pour olives; lisous, tamis, objet de vannerie, etc.; feutres pour navire, etc.; pâte pour objets divers; services de tables, vases, etc., etc.

(2) Le Sennagh (lygeum spartum) drinn, gynerium, dattiers, tiges et feuilles de cotonnier, tiges de faux cotonnier, agave, laiche, petit jonc, gros jonc, quenouille massette, iris des prés, souchet des étangs, souchet algérien, souchet d'Egypte, genêts divers, scirpe maritime, orge et lin sauvages; feuilles de maïs, tiges de ricin, tiges de camomille, tiges et vernis du Japon, chaussetrape, metmann, orties, mauve (plantes algériennes), etc.

(3) « Les fibres papetières de l'alfa, étudiées micrographiquement par M. A.
» Girard, sont minces, lisses, élancées et mesurent à peine un centième de mil-
» limètre de diamètre sur un à cinq millimètres de longueur; finement épointées.
» Elles ont en outre la propriété de se contourner avec une extrême facilité, et
» par conséquent de se prêter remarquablement au feutrage. C'est une des pro-
» priétés les plus précieuses de cette fibre pour son emploi en papeterie; enfin,
» additionnée dans une certaine proportion à la pulpe de paille qui, seule, donne
» un papier trop sec, elle l'adoucit, lui donne du corps et de la fermeté. »
(Ed. Buch Walder. *La Pâte d'Alfa*.)

(4) La fibre de l'alfa offre une résistance à peu près égale au 2/3 de celle du chanvre.

(5) « Les anglais préfèrent l'alfa de *bonne qualité* aux chiffons de coton ordi-
» naires, parce que ceux-ci sont trop variables de qualité, que, depuis l'intro-
» duction des jutes dans la filature et le tissage, le chiffon est très mêlé et

Nous avons vu (chap. I) que cette feuille est formée de faisceaux fibreux se prolongeant en fuseau dans toute sa longueur. Ce sont ces fibres (cellulose) qu'il s'agit de débarrasser des matières incrustantes, agglutinantes et

» présente des difficultés pour le lavage, le blutage, le délinage, le triage, le
» coupage, le défilage, le blanchissage, etc., les dosages sont soumis au tâton-
» nements. Les papetiers préfèrent l'alfa, parce qu'ils en obtiennent d'une
» façon permanente un produit régulier de qualité et de blancheur (homogénéité
» parfaite dans la fabrication) et parce qu'ils ont un marché illimité pour s'ap-
» provisionner à toute époque, à toute saison, de cette matière première cons-
» tamment égale.

» Ils rejettent les pâtes de paille parce qu'elles donnent un papier sonore,
» cassant, translucide, usant les caractères d'imprimerie : ils rejettent égale-
» ment les pâtes de bois à cause de leur translucidité, de leur tendance à la
» moisissure et des mauvaises fibres qu'elle donne au papier, fibres qui se
» détruisent rapidement à la suite des opérations chimiques que le bois a dû
» subir. Les jutes et phormiums blanchissent mal...

» Les fabricants du continent, actuellement frappés de la concurrence désas-
» treuse que leur font subir ceux d'Outre-Manche, s'essaient tous à l'emploi de
» l'alfa. Certains ont réussi et l'on cite (octobre 1886) un marché de 6,000 ton-
» nes traité franco, quai Anvers, au prix de 125 francs : deuxième qualité
» d'Oran par la maison L. M. et Cie, livrable en 1886...

» L'impulsion est donnée et l'on doit s'attendre à voir doubler dans quelques
» années les demandes aux pays producteurs.

» Les anglais n'ont réussi à employer industriellement l'alfa qu'au prix d'une
» longue et coûteuse expérience des lessiveurs à pression, qui sont d'un manie-
» ment délicat, pour en obtenir un produit très régulier et dont les frais d'ins-
» tallation sont très élevés.

» Les fabricants du continent avaient jusqu'ici reculé devant ces difficultés
» mais la force des choses les amène à l'emploi de l'alfa. Une des causes de leur
» hésitation était le prix trop élevé de cette matière : mais ce prix a singu-
» lièrement baissé depuis quelque temps.

» Depuis trente-un mois, le gouvernement de Washington a édicté des
» mesures telles pour la désinfection des chiffons (pour cause d'épidémie), que
» ces mesures équivalent à une prohibition de cette matière première à l'entrée
» aux États-Unis. Une grande baisse en est résultée, et le commerce de l'alfa
» étant aux mains des armateurs anglais, ceux-ci ont compris que pour mainte-
» nir leur fret, ils devaient faire baisser la matière première dans une propor-
» tion telle que le chiffon ne puisse parvenir à entrer dans la consommation
» anglaise et les priver du fret de retour de leurs charbons dans la Méditerranée.

» C'est cette baisse même qui amènera la consommation de l'alfa dans les
» usines du continent, dont les demandes ne tarderont pas à élever le marché.

» Il faut remarquer en outre que de nouveaux procédés de fabrication exis-

colorantes (vasculose) (1) qui les rendent cassantes et rigides (1). On n'y parvient que chimiquement, soit à froid, soit à chaud (à basse ou à haute pression), suivant

» tent depuis très peu de temps, exigeant des frais de fabrication tout à fait
» minimes, économisant sur les anciens procédés par 100 grammes d'alfa tout
» traités, 550 kilos de charbon, 50 kilos de soude caustique, et 75 kilos de
» chlorure de chaux, et que, dans ces conditions, la pâte d'alfa devient la plus
» blanche, la plus forte, la plus souple et la meilleure marché des pâtes à
» papier blanches qui donnent aujourd'hui le papier Japon.

» Avant un an peut être, ces nouveaux procédés bouleverseront les marchés
» d'alfas bruts dans le sens d'une hausse marquée.

» Les nouveaux procédés n'exigent plus une éducation préalable, parce qu'il
» n'est plus nécessaire de ne soumettre à l'action de la lessive caustique, à
» trois ou quatre atmosphères de pression, que des alfas de résistance égale,
» c'est-à-dire des alfas se conduisant identiquement dans chaque cuite. Déjà les
» perfectionnements apportés aux outillages ont depuis un an en partie nivelé
» le prix des diverses qualités et provenances comme les cotes dernières le
» fond voir :

	2ᵉ qualité	1ʳᵉ qualité
Octobre 1886 : Espagnol	131.25	140.60
— Oran·...............	105.05	131.05

« (W. 20 novembre 1885). »

(1) Pouvant donner des produits secondaires (alcool caustique, teintures, etc.).

(1) Détermination du rendement de l'alfa....

» L'alfa, après avoir été desséché dans une étuve, a été écrasé entre deux
» cylindres, puis haché fin. Un poids déterminé a été introduit dans un vase
» rempli d'eau de chlore et abandonné à l'oxydation pendant douze heures. La
» cuticule ligneuse et certaine partie de la matière incrustante ont été dissoutes.
» Les substances cellulosiques demeurées insolubles sont restées mêlées à une
» partie de la substance incrustante que le chlore a transformée en un acide
» complètement soluble dans la potasse. Le résidu a été repris par une dissolu-
» tion alcaline lavé à l'acide, puis à l'eau, enfin desséché à l'étuve et pesé. Le
» poids représente la substance cellulosique.

» Un essai analogue a été fait en employant comme oxydant l'acide azotique
» étendu de son volume d'eau.

» Pour obtenir une décoloration complète, on fait usage d'une petite quantité
» d'hyperchlorate de chaux, et de lavages successifs à l'eau froide.

» Le résultat a été le suivant : 49 à 51 0/0 de matières cellulosiques. »

(" La Pâte d'Alfa " par Ed. Buchwalder, Ingénieur civil, etc., 1879. Challa-
mel ainé, éditeur.)

Nous avons dit (chap. II) que le rendement en cellulose dépendait de la qualité (et aussi de l'espèce) des alfas. Il y a des alfas qui rendent jusqu'à 55 et
60 0/0, et d'autres seulement 35 0/0 avec le même procédé de fabrication; il
est vrai que les nouveaux procédés tendent à égaliser les qualités en extrayant

la durée de l'opération, la proportion et la nature des produits chimiques, etc. (1).

En Angleterre (près Londres), dans les usines du Daily Télégraph que nous avons visitées, on opère à une température de deux atmosphères pendant six heures dans des lessiveurs spéciaux à vapeur malaxante, contenant une lessive composée de soude caustique (2), dissoute dans la quantité d'eau strictement suffisante pour mouiller l'alfa qui remplit l'appareil. L'alfa est ensuite lavé, trituré et blanchi par les procédés mécaniques ordinairement employés dans les papeteries, procédés plus ou moins perfectionnés (3).

La méthode ci-dessus n'est pas la plus nouvelle (4),

la cellulose tout entière, sans risquer d'en détruire une partie en même temps que les matières étrangères qui s'y trouvent et qui sont trop résistantes aux produits chimiques ; mais quoi qu'on fasse, il est évident que la qualité de la matière première aura toujours une grande influence sur le rendement et par-conséquent sur le prix.

(1) « M. Routledge a imaginé des batteries de chaudières qui permettent, » sous pression ou avec vapeur surchauffée, d'opérer un lessivage continu » méthodique. La dissolution caustique arrive dans la chaudière de tôle, se » déverse successivement dans les deuxièmes, troisièmes, quatrièmes chau- » dières. Parvenue dans la chaudière de queue, cette lessive a produit tout son » effet neutralisée par les substances incrustantes dissoutes dans son parcours, » elle est envoyée au four de génération où, concentrée, calcinée, puis causti- » fiée, elle peut servir à de nouvelles propositions (A). Dans ce système, il y a » économie de charbon, de soude et de temps. Pour traiter 100 kilos d'alfa, il » fallait 400 à 450 litres d'une dissolution contenant 8 à 10 kilos de la soude » caustique. Par la méthode de M. Routledge, il ne faut plus que 140 à 180 litres » d'une dissolution ne contenant plus que 6 à 8 kilos de soude caustique. » (Ed. Buchwalder.)

(2) Environ 8 kilos de soude pour 100 kilos d'alfa brut.

(3) Piles, pulp-engin, etc., chlore ou chlorures (hyperchlorite de chaux ou de soude) avec ou sans acides, etc.

(A) On retrouve ainsi plus de 60 0/0.

(4) Il existe un nouveau procédé encore fort peu connu et qu'il ne nous est pas permis d'expliquer ici. Nous en avons dit un mot dans une note précédentes Il présente une grande économie de combustible, de produits chimiques et d'installation ; il n'exige pas d'ouvriers spéciaux, le déchet est moindre que par toute autre méthode connue : le produit est meilleur, plus blanc, la fibre étant

mais elle est encore une des plus employées en Angleterre ; elle est très expéditive : l'alfa brut introduit le
matin dans le lessiveur se trouve transformé dès le soir
en papier journal, lequel est imprimé aussitôt ; elle coûte
assez cher d'installation, mais elle donne un produit
régulier : elle emploie peu de bras, peu de combustibles
et de produit chimiques en comparaison des anciennes
méthodes (1). La formule est invariable pour les alfas

moins coriace et plus régulière. Il s'adapte, sans échanger de formule, à toute
les qualités d'alfa pour donner la même pâte et à peu près le même rendement.
Le prix de l'alfa brut étant par exemple de 125 fr. les 1,000 kilos à l'usine ;
le prix de revient de la pâte blanche sera de 375 fr. : son prix de vente de
500 à 600 fr. Rendement 52 0/0. La pâte blanchie peut être, sans inconvénient,
transportée tout-à-fait sèche (sans boutons) ce qui permettrait de le fabriquer
en Algérie, partout où se trouve l'eau et les voies de communication nécessaires.
Par ce procédé (espèce de rouissage chimique reposant sur ce principe que les
corps cellulosiques ne sont pas sensiblement altérés par les dissolutions alcalines
à une température inférieure à 100°), on peut obtenir, non seulement la pate à
papier, mais les fibres à tissus de toutes sortes. La pâte à papier pourrait être
exploitée d'Algérie sous forme de filasses ou d'étouppes sèches en ballots pressés
(comme le coton). Tel est, à notre avis, l'avenir de l'industrie alfatière en
Algérie (a).

Comme le dit très bien M. Jus (" Histoire d'une Botte d'Alfa ") « Gardez-
» vous bien d'inonder l'industrie de votre alfa brut, si vous ne voulez pas voir
» subir une dépréciation dans son prix de vente. »

Cette matière enrichie (écrue ou blanchie) aurait des débouchés dans toute
l'Europe continentale, notamment en France. Sa préparation dans le voisinage
des peuplements du textile aurait l'avantage d'éviter le transport des déchets
(valeur morte), la matière étant sèche et le combustible, ainsi que les produits
chimiques, représentant un poids insignifiant par rapport à celui de la marchandise fabriquée.

(a) Au point de vue textile.

(1) Prix de revient donné par M. Bastide, en supposant une papeterie instal-
lée à Sidi-Bel-Abbés (ancienee méthode) :

230 kilos, sparte (alfa)	18.25
125 kilos, houille	4.40
Soude C.	16.80
Chlorure de chaux, etc.	9 »
Main d'œuvre et employés	5 »
Transport à Oran, 82 kilomètres	2.50
Emballage, usure du matériel, etc.	2.05
Total	58 »

d'une même provenance, pour ceux d'Algérie, le rendement est relativement faible (moins de 50 0/0) ; en effet, dans chaque balle d'alfa algérien, il y a des brins très inégaux de dimentions, d'âge, de conservation, de pureté ; la lessive est nécessairement calculée de manière à désagréger complètement les parties les plus coriaces.

La pâte de chiffon vaut de	....	80 à 100 fr.
— d'alfa —	....	55 à 80 fr.
— de paille —	....	45 à 55 fr.
— de bois de chimique vaut de	....	40 à 50 fr.

(On fabrique aujourd'hui des pâtes de pailles qui se vendront 35 fr. ; elles font un mauvais papier et le fabricant s'y ruine ; c'est un expédient peu durable.)

L'alfa et le bois chimique sont destinés à des produits différents.

ELÉMENTS DU PRIX DE REVIENT D'APRÈS M. EDMOND DEBATTY

(Société d'étude pour la création d'une fabrique de pâte d'alfa en Algérie, 1, rue Barye, Paris.)

Matières	Quantité Kilos	ANGLETERRE Prix moyen	FRANCE (Rouen) en exploitant soi-même	Sur le littoral algérien	Près du peuplement d'alfa
Alfa	2.000	à quai 110 / frêt 10 120 - 240	à quai 90 / [illegible] 15 105 - 210	90 — 180	58 — 116
Soude caustique	300	20 - 60	27 — 81	28 [illegible] 84	28 — 84
Chlo. de chaux	240	17.50 - 42	20 — 48	22.75 — 54.60	23 — 55.20
Charbon	1.200	10 — 12	17 — 20.40	25 — 30	42 — 50.40
Frais généraux		100	100	100	100
		par tonne.... 454	par tonne.... 459.40	p. tonne 448.60	p. ton. 405.60

« De l'examen comparatif de ces chiffres, il résulte qu'il y aurait un avantage » à fabriquer la pâte d'alfa en Algérie et le plus près possible des peuplements » d'Alfa au prix de revient de l'usine à.......................... 405.60
» Le prix de transport à quai de.............................. 17 »
» Le frêt d'Algérie dans un port français quelconque................ 15 »

» Total à quai dans un port français.............. 437.60

» Ce prix pourrait être diminué de 20.40 en substituant le bois à la houille » et éventuellement de 25.30 si le gouvernement supprimait le droit d'entrée en » Algérie sur les produits chimiques... » Le chlorure de chaux pourrait être fabriqué sur place... (D'après M. Debatty les meilleurs emplacements pour une fabrique de pâte d'alfa en Algérie seraient Aïn. Ouled. Rhamoun (Montebello), près Constantine, et à Aïn Tellout, département d'Oran, cette usine demanderait 400,000 fr. pour faire journellement quatre à cinq tonnes de pâte y compris 150,000 de roulement.)

notamment la queue (l'ongle) de l'alfa, ce qui a lieu évi. demment au détriment des parties qui le sont moins. De là, ces déchets très variables, quelquefois très fort qui déprécient les alfas ordinaires ; les mauvais brins déjà en partie décomposés se fondent dans la lessive, souvent sans donner de fibres, et le rendement général est très notablement diminué.

Pour les alfas de première qualité d'Espagne, la formule est plus simple, ces alfas étant moins résineux et surtout plus uniformes, plus cylindriques, plus homogènes et leur queue étant moins coriace. De là cette grande différence de prix entre ces alfas et les nôtres (plus de 78 fr.)

La qualité de l'alfa pour les papeteries joue donc un très grand rôle. En Algérie, on mélange les bons brins avec les mauvais, dans la pensée que les bons feront passer les mauvais. On a tort, car, dans ce cas, le fabricant découvre deux inconvénients au lieu d'un, et il cote la marchandise aussi bas que possible.

On ne saurait donc donner trop de soin au triage de l'alfa et au classement des brins. Toutes les tiges devraient être uniformes, de même pureté, de même maturité, autant que possible, comme cela a lieu généralement en Espagne ; l'exploitant qui prendrait tous ces soins se ferait une étiquette, une marque d'une valeur importante et les frais seraient largement compensés (1).

4. — Pour les tissus, le principe de désagrégation est le même mais cette désagrégation doit-être moins complète. On opère ordinairement sans pression dans une lessive moins forte que pour la pâte à papier. On obtient un bain chimique tiède (30°) ; l'opération dure assez longtemps, mais la fibre n'est pas éner-

(1) Nous sortirions du programme si nous traitions complètement cette question ici.

vée et les filaments restent longs et solides et ils peuvent se filer. Une fois lessivée, la matière est lavée dans des appareils spéciaux, puis essorée, assouplie, etc., dans des machines ad hoc.

Pour les objets de sparterie, les cordes, etc., la désagrégation est encore plus incomplète. Son degré varie suivant l'objet à fabriquer.

Pour certains objets, il suffit d'un rouissage alcalin (carbonne de soude ou ammoniaque) ou d'un bain de chaux ; à froid, l'opération dure de un à quatre jours, suivant la saison ; à 25° le rouissage se fait en vingt-quatre heures. On emploie aussi le rouissage à la vapeur, le rouissage à l'eau stagnante (1), etc.

Pour leurs cordes de sparterie ordinaire, les indigènes se contentent de placer pendant quelques jours les poignées d'alfa dans l'eau ordinaire ou mieux dans de la menue paille humide. Puis, tenant de la main gauche sur une large pierre et la retournant en tous sens ils la frappent avec un maillet en bois qu'ils tiennent de la main droite, de façon à briser les résinoïdes, dont une partie tombe en poussière, et à donner ainsi une certaine souplesse aux brins (déchet 30 0 0 .

Dans les prisons algériennes, où l'on confectionne des cordes et des nattes grossières, on attendrit l'alfa dans un bain d'eau ordinaire ou d'eau de chaux : puis on passe les poignées dans des cylindres cannelés : l'opération est plus rapide qu'au maillet, mais elle ne donne pas d'aussi bon produit.

(1) Dans cette opération voici ce qui se passe.

1° l'eau commence par ce troubler ; 2° il se dégage ensuite des bulles d'air. 3° l'eau se colore. 4° elle acquiert une réaction acide. 5° l'acide disparait et il se dégage de nouveau des bulles d'une odeur fétide cadavéreuse ; 6° réaction olcalnie.

ARTICLE 2

Sommaire : Quantités approximatives d'alfa utilisées annuellement dans les différentes industries (1).

L'alfa est presque exclusivement utilisé dans les papeteries anglaises.

La sparterie n'en emploie pas la quinzième partie, et dans la sparterie, nous comprenons tous les objets précédemment cités (cordages, nattes, paniers, etc., etc.),

Quant aux tissus d'alfa pur, l'on n'en a fait jusqu'à présent que des essais insignifiants. Cependant, l'on vend sous le nom de tissus d'alfa une assez grande quantité de marchandises (étoffes diverses, rideaux, etc.) où l'alfa n'entre que dans une assez faible proportion, laquelle est très variable, suivant les étoffes.

Nous donnons approximativement les chiffres suivants (1) pour la moyenne annuelle des trois dernières années (1885 à 1887) :

Papeterie (2).................	205.200	Corderie . 10,500
Sparterie, cordes et tissus.....	21.800	Divers... 8.300 Tissus... 3,000
Total	227.000	

(1) Qualité.

(1) Ces chiffres varient chaque année.

(2) Pour la papeterie fine, on emploei la première qualité, comme pour la sparterie, etc.

ARTICLE 3

Sommaire : Pays de production de l'alfa ; leur rendement actuel pour l'industrie.

Nous avons déjà traité cette question (chap. Ier et II).
Voici quelques chiffres approximatifs (1) :

Qualités [2]		Quantités récoltées tant pour l'exportation que pour l'emploi sur place						Rendement possible sur les terrains actuellement exploitables [3]
		1863	1866	1872	1877	1882	Moyenne annuelle. 1883 à 87	
2º presque exclusivement	Algérie (4). . .	1.300	4.000	44.000	69.000	86.000	96.500	120.000 —
2º exclusivement subdivisé en 2	Tripolitaine . .				•	47.000	63.500	100.000 —
1ʳᵉ uniquement subdivisé en 2	Tunisie				13.000	5.200	19.500	40.000 —
idem	Espagne et Portugal. .				43.000	45.000	47.500	50.000
							227.000	310.000

(1) Etant donné les voies de communication et les moyens actuels.

(2) En Tunisie et en Espagne, la première qualité se subdivise en deux. La deuxième qualité aussi en Tripolitaine. Il ne faut pas croire que les alfas de première qualité seront tous employés pour la sparterie ; on les emploie également pour la papeterie, en Ecosse notamment.

(3) L'Algérie exporte annuellement en Angleterre. 80.000
  —   —   en Espagne et en Portugal. . 8.500
  —   —   en Belgique et autres pays. . 4.000
  —   —   en France (sparterie) 3.000
      Elle consomme sur place 1.000

          Total. 96.500

(4) Consommation anglaise, provenance d'Algérie, 80.000
  —   — Tripoli. 63.000
  —   — Tunisie, 18.000 } Dont une partie de
  —   — Espagne, 39.000 } provenance Algérie et Maroc.

        Total. . . . . , 200.000

ARTICLE 4

Sommaire : Pays de consommation de l'alfa; importance approximative de la consommation dans chacun d'eux.

1°. — Raisons pour lesquelles l'Angleterre est pour ainsi dire le seul pays de consommation de l'alfa; frêt, transbordement, transport terrestre; combustible, produits chimiques; impôts, installation d'usines; capital; caractère industriel, avenir de l'industrie alfatière en Algérie........................

	Moyenne annuelle des trois années, 1885, 1886, 1887,			
	L'alfa	Papeterie	Sparterie	Tissus
	en tonnes	en tonnes	en tonnes	en tonnes
Angleterre (4).........	200.000	194.500	3.000	2.500
Espagne et Portugal (1)..	14.000	5 000	12.000	
Belgique et autres pays...	7.000	6.500	800	200
France (2)..........	4.000	2.200	1.500	300
Afrique septentrionale, etc. (3)	1.500		1.500	
Totaux....	227.000	205.200	18.800	3 000

Comment se fait-il que l'Angleterre soit pour ainsi dire le seul pays de consommation de l'alfa pour la papeterie.

1 La plus grande partie de provenance algérienne (4.000), le reste de provenance espagnole ou tripolitaine et tunisienne.

(2) 3000 de provenance algérienne (3532 en 1886).

(3) Peut-être davantage. Les uns disent 3,000 tonnes en Algérie, d'autres 6.000 dans toute la région africaine ; nous croyons qu'il y a exagération.

(4) Esparto et autres fibres de papier exporté en Angleterre :

en 1877.... 193.500 tonnes.......... 1.332.257

en 1885.... 299.100 -- 1.789.904

IMPORTATION DE L'ESPARTO ET AUTRES FIBRES VEGETALES

	Espagne	Algérie	Autres pays	Valeur	Moyenne de la consommation annuelle de l'alfa en Angleterre
1886	43.500	75 192	81.951	200 647	201.000
	318.692	415.643	412.041	1.146.376	
1885	46 077	51.778	71.587	194.646	pour 188" et 1886
	389.413	313.847	323.375	996.723	

Cela tient principalement à des questions de frêt, de transbordement, de transports terrestres, de combustible, de produits chimiques, d'impôts, d'installation d'usines, de capital et de caractère industriel, etc.

Les papeteries britanniques sont presque toutes situées près des ports ou à leur portée, par la navigation fluviale (peu ou point de transbordement et de transports terrestre).

Le frêt pour les alfas, en destination de ce pays, se prend ordinairement sur des navires qui, après avoir porté le charbon anglais vers des régions orientales, se lestent en minerais, et, au retour complète leurs chargements en alfa.

Le charbon anglais est, comme on le sait, à très bas prix sur place ; il en est de même des produits chimiques ; or, les papeteries sont, en Angleterre et en Écosse, situées près des mines et usines produisant ces matières.

Les anglais comprenant l'utilité de l'alfa, n'ont pas hésité à transformer leur outillage et les capitaux ne leur ont pas fait défaut.

Les autres pays, notamment la France (4,000 tonnes d'alfa au plus), sont plus timides en affaires ; ils se trouvent, du reste, dans de moins bonnes conditions (quant à présent), pour l'emploi de ce textile et ils sont en outre gênés par certains impôts.

Si l'alfa, par une méthode de désagrégation économique et simple, pouvait être converti sur place en filament industriels, il se trouverait allégé d'une grande partie de son poids ; ainsi enrichi, les fabriques de la métropole et des autres pays européens pourraient le traiter facilement sans changer leur outillage, sans augmenter leur consommation en charbon et en produits chimiques, et il n'est pas douteux que les débouchés de ce textile augmenteraient dans une proportion considérable.

Chapitre IV

Améliorations à apporter dans l'exploitation pour arrêter le dépérissement

A. — PROCÉDÉS DE PRÉSERVATION

ARTICLE Ier

Sommaire : Indication générale des soins à apporter dans l'exploitation pour ménager la plante.

1. — Nous avons précédemment expliqué quels étaient les vices de nos exploitations d'alfa, vices qui produi-

sent le dépérissement de cette plante si indispensable au point de vue cultural et si utile au point de vue commercial; cherchons les remèdes :

Fort peu d'exploitations en Algérie se font d'une manière correcte.

Certains concessionnaires n'ont même jamais vu leurs concessions ; beaucoup d'entrepreneurs connaissent à peine le terrain qu'ils ont à exploiter. Ils savent à peu près dans quelles directions ces terrains se trouvent et cela leur suffit. On se contente de faire dire aux Arabes de la contrée qu'on est acheteur à telle bascule, à telles conditions.

Aussi l'arrachage n'est-il pas surveillé, et pourtant cette opération demanderait des soins très minutieux.

Pour toutes les raisons développées au chap. II, art. 2, 3, 4, il faudrait, pour ménager la plante : 1° Sur le terrain désigné pour chaque saison de récolte, marcher en nombre suffisant et avec méthode, en avançant dans un sens indiqué, de manière à ne pas repasser la même année sur la même touffe.

2° S'abstenir de récolter sur les touffes trop jeunes (1) ou trop vieilles, trop épuisées ou trop récemment incinérées : les racines des plantes trop jeunes ne tiennent pas assez solidement au sol; les plantes trop épuisées ont besoin de repos pour se reconstituer; les touffes incinérées ont besoin également de repos comme on le dira plus loin: ces diverses touffes sont très faciles à reconnaître, avec un peu d'expérience.

3° Laisser, autant que possible, à chaque touffe, un certain nombre de feuilles vertes, par exemple toutes les feuilles de l'année, au printemps; la moitié des feuilles au moins en été, si, à la suite de plusieurs récoltes successives ou à la suite d'incinération, le feu-

---

(1) Ayant moins de 25 c. de diam. et moins de 10 ans.

trage formé par les feuilles sèches est devenu insuffisant pour protéger le pied contre l'ardeur du soleil ; enfin, le 1/3 environ en automne et en hiver. Faire choix, dans tous les cas, de la meilleure marchandise et éviter autant que possible d'arracher inutilement des feuilles peu propres à l'industrie ; chercher à n'arracher que des feuilles mûres.

4° Faire en sorte de ne pas mutiler la plante par l'arrachis brutal des rhizômes, des gaines, etc., redoubler de précautions quand la terre est détrempée, surtout en hiver. A cet effet, ne prendre que peu de brins à la fois et se servir des pieds, comme on le fait en Espagne, pour retenir les racines pendant la secousse imprimée par le bâtonnet ; s'il y a lieu, après l'arrachage, recouvrir la souche de quelques poignées de terre piétinée aussitôt, afin de faire adhérer au sol les racines dérangées.

5° Apprendre à faire un bon usage du bâtonnet à n'enrouler qu'un petit nombre de brins à la fois, sur dix à douze centimètres, et à donner la secousse convenable, comme il a été dit : de cette façon, au premier printemps (si la récolte est autorisée à cette saison), on n'arracherait pas si facilement les jeunes feuilles qui sont plus courtes et on bouleverserait moins la souche.

6° Ne récolter qu'a certaines époques, etc. etc.

Voilà ce qu'il faudrait ; malheureusement, toutes ces prescriptions que nous avons exagérées avec intention sont bien difficiles à appliquer efficacement en Algérie, parce qu'elles diminuent la quantité d'alfa récoltée dans un temps donné par l'ouvrier et que ce dernier, l'ouvrier indigène surtout, ne voit que son intérêt présent.

Comment contrôler sérieusement de telles spéculations ?

Refuser aux acheteurs tâcherons, c'est-à-dire ne point

payer les poignées d'alfa renfermant de jeunes feuilles, des racines, etc. Mais si la poignée arrachée sans précautions est secouée sur le terrain pour en faire tomber les feuilles trop courtes et les impuretés, comment le constater, et l'empêcher ? On ne peut être sans cesse sur le dos de chaque arracheur dans ces immenses étendues où l'on opère généralement en plein soleil : visiter les peuplements, infliger des amendes, des retenues de salaire, si, à l'inspection des touffes, on s'aperçoit que les prescriptions on été mal exécutées. Mais comment distinguer les coupables ?

Rendre solidairement responsables les arracheurs d'un même groupe. Est-ce possible dans l'espèce ? En Algérie, les chefs de groupe, les entrepreneurs d'arrachages n'ont pas d'action utile sur leurs ouvriers qui, généralement, sont étrangers aux lieux où s'opère la cueillette et qu'ils traitent quelquefois d'une manière odieuse.

2. — La surveillance serait facilitée si l'atelier de séchage était établi au centre et très à proximité du terrain où se fait la récolte. Les arracheurs et les sécheurs ne formant alors qu'un seul chantier, les transports n'étant plus à la charge des arracheurs, les abus deviendraient plus difficiles : le travail serait plus actif, plus honnête et par conséquent plus sérieusement profitable ; l'exploitant serait entraîné à connaître le terrain et la plante serait mieux ménagée. Nous voudrions qu'il y eût un chantier dans chaque douar partiel renfermant des terrains en exploitation, afin d'y attacher autant que possible les habitants d'un même lieu, de les accoutumer, de les fixer à ce travail et de les intéresser à s'y livrer avec soin : hommes, femmes et enfants.

De plus, nous le croyons, on amènerait ainsi, en peu de temps, les indigènes du douar à sécher, trier et classer eux-mêmes les alfas qu'ils arracheraient dans leurs communaux.

L'atelier central de séchage-triage serait supprimé ; les habitants du douar feraient sans doute toutes ces opérations avec plus d'économie et de soin que les ouvriers de passage auxquels on est forcé d'avoir recours aujourd'hui ; ils le feraient presque sans matériel, avec une installation plus rustique, en travaillant par famille, non loin de tentes ou de leurs gourbis (1).

Pourquoi ne parviendraient-ils pas avec de l'expérience et « du pain sur la planche » à faire aussi bien que l'espagnol chez lui ?

Il y aurait, il nous semble, profit pour tous ; l'indigène serait mieux rénuméré ; les frais de premier établissement seraient diminués (2) et l'exploitant n'aurait plus qu'à inspecter les terrains, à vérifier, transporter, emballer (3) et expédier la marchandise. Le contrôle serait plus facile.

Il s'établirait ainsi, comme en Espagne, une émulation entre les douars (ou communes) (4) chacun trouverait un intérêt à ménager la plante qu'il regarderait comme sienne et à offrir le meilleur produit ; la main d'œuvre ferait moins défaut et serait plus habile, car elle serait mieux répartie et mieux exercée (5). Evidemment,

(1) Il existe peut-être des régions en Algérie où la population est trop dispersée, trop faible pour pratiquer ce système, mais ce serait l'exception. Là où il pourrait être appliqué (presque partout) il y aurait peut-être quelques avances de frais de premier établissement à faire aux douars.

(2) Les chantiers de séchage étant supprimés, leur prix pourrait servir à la création de moyens de transports locaux.

(3) L'emballage aurait lieu, bien entendu, comme aujourd'hui, près des gares d'expéditions.

(4) Ou section communales.

(5) Dans le cas où elle serait insuffisante dans un douar ou section communale, on ferait, bien entendu, appel aux voisins. Si, pour des raisons extraordinaires, les bras refusaient le travail ou s'y prêtaient mal, on pourrait avoir recours exceptionnellement à des auxiliaires.

pour atteindre ce but, les indigènes auraient d'abord un certain apprentissage à faire, apprentissage facile d'ailleurs.

Voici du reste, en résumé, quelles mesures on adopterait pour obtenir une exploitation à peu près rationnelle :

1° Séparer, sur le terrain, les douars partiels de travailleurs par des lignes naturelles, quand il y en a (chabets, sentiers, champs couverts d'armoises, etc.) et des lignes artificielle de touffes brûlées.

Visiter le lot de chaque douar partiel pendant et après l'exploitation, et diminuer ou supprimer, pour l'année suivante, le travail aux douars qui exploiteraient mal.

2° Payer l'alfa non plus seulement au poids, mais à la qualité, ce qui engagerait le cueilleur à faire un triage et serait avantageux à l'exploitant.

3° Chasser impitoyablement et, dans un cas grave, traduire devant les tribunaux les employés de l'exploitation qui trompent l'Arabe sur le produit de la marchandise apportée à la bascule.

Une question de grève sérieuse pourrait être débattue et tranchée en présence des intéressés par l'administration de la commune mixte devant la commune municipale réunie extraordinairement; le service forestier pourrait se faire représenter à cette séance, où il pourrait appeler d'autres exploitants.

ARTICLE 2

Sommaire : Période annuelle de prohibition de récolte ;
indiquer son point de départ et sa durée suivant les
zônes ; faire connaître si elle doit s'appliquer à tous
les terrains à alfa, quel qu'en soit le propriétaire ;
varier d'une année à l'autre ou comprendre un certain nombre d'années.

5°. — Expériences faites sur les phases de végétation
de l'alfa; application des mesures aux terrains Melks.   124

---

1. — Il s'agit ici de discuter si la période de prohibition de récolte qui existe dans les terrains domaniaux
et communaux depuis assez longtemps doit être main-
tenue, supprimée ou changée, et s'il est nécessaire d'y
assujettir les terrains Melks (propriétés particulières).

La question est délicate; deux courants d'idées oppo-
sés la rendent complexe; d'un côté, c'est au point de
vue pastoral que l'on se place trop exclusivement; de
l'autre, c'est l'intérêt mercantile qui prédomine.

Il y a lieu de comparer entre elles ces deux forces
très différentes et d'en prendre la résultante rationnelle,
en rompant la routine.

2. — Les Arabes, essentiellement pasteurs, se considè-
rent encore comme les propriétaires ou au moins comme
les usufruitiers des immenses steppes où croit l'alfa; leurs
chefs indigènes, ainsi que les employés français qui les
administrent, ont, pour la plupart, une tendance naturelle à condamner, en principe, tout établissement industriel et commercial paraissant, à leurs yeux, avoir
pour but ou pour résultat de saigner le pays arabe au
profit presque exclusif de « mercantiles cosmopolites,
» disent-ils, gens égoïstes et cupides, imprudents et à
» courte vue, qui se moquent de l'Algérie, comme des
» indigènes, ces vils serfs taillables et corvéables à
» merci.

» L'affaire des alfas, explique-t-on dans le camp des
» ruraux, est en quelque sorte monopolisée entre les
» mains de négociants et d'armateurs étrangers qui ont
» leurs banquiers, leurs entrepositaires, leurs agents de
» commerce, leurs entrepreneurs, etc., et qui sont maî-
» tres du frêt et du marché : cette espèce de monopole

» s'exerce indifféremment dans tous les pays de produc-
» tion et le principal consommateur du produit est en
» Angleterre...

» Le producteur n'est souvent lui-même qu'un spécu-
» lateur associé au monopole...

» Les grandes compagnies d'alfa sont dangereuses par
» l'agiotage auquel elles se livrent...

» S'agit-il exceptionnellement d'un loyal concession-
» naire rempli de bonnes intentions et désirant exploiter
» directement; il ne saura pas se débrouiller, s'il n'a
» pas assez de capitaux (ce qui est le cas général), et
» deviendra la proie des spéculateurs plus ou moins
» véreux : Pendant qu'il marchande et qu'il se débat
» avec le monde du « savoir faire », les redevances
» annuelles qu'il doit payer d'avance à l'administration
» et ses difficiles débuts d'exploitation absorbent ses res-
» sources : dès lors, il ne s'appartient plus, il est ruiné
» s'il ne peut résilier assez tôt son bail et obtenir un
» soulagement du gouvernement ; dans tous les cas, les
» alfas qu'il comptait si bien soigner tombent fatale-
» ment en de mauvaises mains. »

Ce sont des entrepreneurs ad hoc qui ordinairement
exploitent pour le concessionnaire, dont ils abusent
presque toujours. Forcés de laisser aux intermédiaires
la plus grosse part des bénéfices, ces entrepreneurs (à
l'exemple de beaucoup d'autres), se rattrapent sur les
salaires des travailleurs qu'ils frustrent par tous les
moyens possibles, et, dans ce but, ils ont intérêt, de
« même que les armateurs dont ils dépendent le plus
» souvent, à ne viser qu'à la quantité au risque d'avilir
» la marchandise et d'en épuiser la source. Que leur
» importe ! quand il n'y aura plus d'alfa d'un côté, ils
» iront ailleurs ou feront autre chose...

» Avec un tel système, ajoute-t-on, les peuplements

» d'alfa ne peuvent que dépérir, et, par suite, l'élevage
» du bétail, qui constitue une des plus grandes richesses
» de l'Algérie, peut se trouver compromis sans compen-
» sation sérieuse ni pour la colonie ni pour l'État.

» Est-ce à dire, conclue-t-on, qu'il faille totalement
» supprimer le commerce des alfas algériens ? Cela
» pourrait causer (passagèrement) de grands troubles ;
» il s'agirait seulement de le modérer d'une manière
» sensible.

« On le restreindrait notablement, si, à l'exemple du
» gouvernement de Tunis, on frappait le textile brut
« d'un droit de sortie. Ce droit en Algérie serait cal-
» culé de telle façon qu'il équivaudrait à une prohi-
» bition, seulement pour les alfas de basse qualité (dits
» tout venant) (1), aurait pour effet de relever la qualité,
» la réputation et par conséquent le prix des alfas de
» choix, comme en Tunisie, comme en Espagne où l'on
» n'exploite que les qualités supérieures. Cette mesure
» fiscale (2) ferait disparaître une partie du désordre,
» des abus signalés plus haut : le contrôle deviendrait
» plus efficace, plus simple : l'organisation du travail,
» par douar partiel, serait alors des plus utiles, etc., etc. ;
» et surtout, c'est là l'essentiel, *la plante serait ménagée*

---

(1) « L'alfa tout venant semblerait avoir eu son temps ; il est aujourd'hui
» assimilé à d'autres succédanés et son prix a tellement baissé qu'il n'est pour
» ainsi dire plus rémunérateur. C'est un produit en décadence, dont le com-
» merce sera bientôt délaissé ; sinon il causera la ruine des concessions et des
» concessionnaires. L'alfa de choix (Espagne, Tunisie) est au contraire une mar-
» chandise d'avenir ; il commence à être recherché pour la papeterie de luxe
» comme pour la sparterie et certains tissus ; il n'a guère de similaire et sa con-
» sommation serait susceptible de s'accroître dans de grandes proportions si les
» producteurs donnaient tous leurs soins à cette affaire, et si, dans tous ces pays
» producteurs, les alfas étaient frappés de la même taxe. »

(2) Cette mesure fiscale serait peut-être utile en Algérie si la Tripolitaine
l'adoptait aussi ; comme, dans ce cas, elle serait pratiquée dans tous les pays
producteurs, le prix de l'alfa pourrait se relever notablement même pour les
basses qualités.

» parce qu'on trouverait un intérêt essentiel à le faire.
» Comme c'est la qualité que l'on aurait à rechercher
» surtout, on laisserait instinctivement de côté les touf-
» fes malingres et ces touffes auraient le temps de se
» refaire. On ne récolterait plus toutes les feuilles indis-
» tinctement ; on choisirait les *meilleures*, c'est-à-dire
» les feuilles mûres, saines et sans mélange, ce qui ne
» pourrait guère s'opérer facilement qu'après le prin-
» temps et sur un terrain qui ne serait pas trop détrem-
» pé (1) ; au printemps, en effet, il y aurait mélange de
» jeunes feuilles (2), ce qui nécessiterait un triage trop
» couteux ; dans la saison des pluies, on arracherait des
» racines, ce qui aurait les mêmes inconvénients. Le
» producteur choisirait donc tout naturellement de lui-
» même les meilleures époques de récolte ; de là une
» simplification très grande dans les mesures adminis-
» tratives à prendre pour la préservation de la plante.
» En outre, cette nécessité d'enrichir la marchandise
» par le choix de la feuillle, conduirait probablement à
» le faire d'une manière plus sérieuse encore en trans-
» formant sur place la matière première en pâte à pa-

(1) Avec l'organisation du travail par douar, l'arracheur ayant à livrer un produit de première qualité, ne commettrait pas la faute d'arracher toutes les feuilles d'une touffe pour en faire ensuite le triage ; ce triage lui doonerait infiniment plus de peine que le choix des feuilles sur la plante.

En Tunisie, comme en Espagne, malgré les droits fiscaux, on récolte, il est vrai en toutes saisons, mais très peu au printemps, et alors seulement sur les touffes vierges ou assez longtemps reposées, très peu aussi pendant les pluies, et, dans ce cas, avec de grandes précautions : presque jamais en mai, car alors les jeunes feuilles ont presque atteint la hauteur des anciennes sans être mûres encore et qu'il est presque impossible d'arracher les unes sans les autres et de les trier ensuite.

En mars, en avril même, la différence de la hauteur des feuilles rend l'opération plus difficile, aussi la pratique-t-on assez souvent à cette époque (souvent en mars) quand le sol n'est pas trop détrempé.

(2) Les feuilles qui ne sont pas mûres donnent peu de rendement, et, par suite, elles ont peu de valeur industrielle.

» pier, filasse, sparterie, etc., industrie que l'on ne sau-
» rait trop encourager dans la colonie.

» La suspension de récolte au printemps est sans
» doute une prudente mesure, mais, à elle seule, elle ne
» saurait probablement être aussi efficace que celle qui
» vient d'être indiquée. »

Ces raisonnements ont certainement du bon ; malheu-
sement, la mesure fiscale proposée paraît trop difficile à
appliquer, du moins quant à présent ; et, d'ailleurs, elle
ne semble pas entrer dans les vues du gouvernement
qui paraît désirer raisonnablement régler l'exploitation de l'alfa sans en restreindre le commerce.

3. — Ecoutons maintenant ce qui se dit dans le camp
opposé, celui des alfatistes spéculateurs :

» L'affaire alfa, prétendent ceux-ci, est pour le pays
» producteur une sorte de richesse au moins aussi impor-
» tante que celle du bétail... : questions financières,
» commerciales, industrielles, questions de transports
» terrestres et maritimes, de colonisation, etc.: toutes ces
» questions, ils les traitent en faveur de l'alfa, attachant
» plus d'importance à la quantité qu'à la qualité et sou-
» tenant que l'abus de l'arrachage n'est qu'une cause
» secondaire du dépérissement de cette plante qui, d'ail-
» leurs, est inépuisable, disent-ils...

» Les règlements administratifs qui interdisent la
» récolte pendant plusieurs mois de l'année présentent,
» d'après eux, les inconvénients suivants :

» 1° Difficulté de former et de conserver de bons ou-
» vriers (arracheurs, sécheurs, emballeurs ; en congé-
» diant les ouvriers chaque année pour plusieurs mois,
» comme cela se fait habituellement, le producteur n'est
» pas sûr, à la reprise du travail, de retrouver les mêmes
» gens ni de les embaucher aux mêmes conditions; il
» est ainsi inégalement et mal servi; cette irrégularité

» de main d'œuvre, cette incertitude de l'avenir élèvent
» le prix de revient en diminuant la valeur de la mar-
» chandise ; on ne se façonne, on ne s'intéresse qu'à un
» travail continu, assuré, et ce travail est évidemment
» meilleur et moins coûteux que celui qui se fait à bâtons
» rompus (1)...

» 2º Mêmes observations à l'égard du transport par
» animaux...

» 3º Questions de frêt. Pour que le frêt soit avanta-
» geux, il faut profiter de toute occasion en toute sai-
» sons...

» 4º Frais généraux, etc., pendant l'interruption de la
» récolte, la plupart de ces frais continuant à courir.

« Pour obvier en partie à ces inconvénients, il faudrait,
» ajoutent-ils, doubler l'arrachage en hiver, afin d'amas-
» ser sur le terrain une quantité d'alfa assez grande pour
» occuper les bras et les animaux pendant le printemps
» ce qui, d'ailleurs, a lieu dans certaines exploitations',
» Mais là se présente un obstacle sérieux, outre les diffi-
» cultés et les désavantages d'une récolte pratiquée sur
» une trop grande échelle en hiver : l'alfa, emmeulé trop
» longtemps, risque d'entrer en fermentation : et, dans
» tous les cas, il perd de sa valeur. Il est prouvé, en effet,
» que cette matière doit être employée le plus vite pos-
» sible (2).

(1) Dans la région du Sbakhr (département de Constantine), où beaucoup de terrains sont cultivés en céréales, il est presque impossible, même en exagérant les prix, de se procurer des bras et des animaux pendant les moissons, le battage et la rentrée des grains.

Il n'en est pas de même dans la région du Chott (département d'Oran), où il y a absence de culture.

(2) L'alfa vert, c'est-à-dire, récemment récolté ne peut être emmeulé qu'après sa dessication, sinon il fermente, s'échauffe et se décompose rapidement surtout au printemps où l'atmosphère favorise cette action ; d'un autre côté, au printemps, la siccité peut être obtenue plus facilement qu'en hiver et à un degré suffisant, pour la conservation en meule.

» 5° Au point de vue du consommateur, la régularité,
» la continuité, la durée des livraisons sont de toute im-
» portance. Les usines ont un certain outillage qui de-
» mande à être alimenté et à fonctionner d'un manière
» invariable et constante ; l'emmagasinage prolongé nuit
» à la matière première et immobilise dangereusement
» le capital. ... »

C'est précisément ce qui explique l'utilité du rôle des
intermédiaires dont nous avons parlé plus haut : ceux-ci
se procurent l'alfa indifféremment partout où ils en trouvent ; ils le classent et le distribuent aux papetiers dont
ils connaissent les besoins. Ils ont déjà malheureusement
une certaine tendance à s'adresser plutôt à la Tripolitaine, où l'arrachage peut s'opérer librement en toute
saison.

L'alfa emmeulé en avril, mai, juin, lorsqu'il a été récolté et bien séché à cette
saison, ne risque pas plus de fermenter que l'alfa récolté, séché autant que possible et emmeulé en janvier, février, mars, mais cette meule d'alfa récolté et
séché en janvier, février et mars risque, en Algérie, de fermenter rapidement
au printemps : toutefois, l'alfa récolté fin juin perd par la dessication 15 0/0 de
son poids, récolté en avril il perd 4 0 0. L'alfa récolté en hiver ne sèche pas
aussi complétement que l'alfa récolté au printemps ; d'un autre côté en hiver,
le suc de la plante étant moins abondant et la température moins élevée
qu'au printemps, la fermentation est alors moins à redouter.

Observons que l'alfa, une fois qu'il a atteint le degré de siccité suffisant pour
la saison, pourvu qu'il ne repose pas sur un sol humide, peut être mouillé sans
trop d'inconvénients, car la pluie n'atteint que sa surface extérieure devenue
presque imperméable et, que le moindre courant d'air peut sécher à mesure.

Quand l'alfa, récolté en hiver, — au lieu d'être expédié avant le printemps
dans les pays du nord (où il peut se conserver quelque temps), reste emmagasiné
en Algérie, meule brute ou balles pressées, pendant les mois d'avril, mai, juin, il
subit une action décomposante qui lui enlève beaucoup de sa valeur. (Pour
éviter ce danger, il faudrait au printemps compléter sa dessication, ce qui serait trop coûteux.

Il résulte de ces observations, que l'alfa récolté en hiver doit être expédié en
Europe avant les chaleurs printanières, si l'on veut éviter une dépreciation notable ; d'ailleurs, en général, quel que soit le lieu, quelle que soit la saison, l'alfa
au point de vue de son rendement, de sa qualité, doit être emmagasiné le moins
longtemps possible.

Les alfatistes soutiennent donc que la suspension de travail à une époque quelconque de l'année est nuisible à divers points de vue. Toutefois, ils veulent bien reconnaître que la plante subit un certain dépérissement, à partir, déjà, de la troisième année, lorsqu'elle est privée de ses feuilles, tous les ans, surtout à la même époque et principalement au printemps. C'est pourquoi quelques-uns proposent, pour atténuer ce mal sans entraver le commerce, une méthode pratiquée librement et avec avantage, dit-on, dans quelques exploitations d'Espagne. Cette méthode consisterait à lotir le peuplement de telle sorte que la même touffe ne puisse être récoltée pendant deux années de suite à la même saison ; en outre, après deux ou trois années de récoltes successives, un terrain serait laissé en repos pendant une période au moins égale à celle d'exploitation.

4. — Dans ce système, l'alternance de saison ne peut se faire au hasard.

Un terrain récolté par exemple en 1887 en été, ne peut l'être en 1888 ni en hiver ni au printemps : en hiver, la touffe n'aurait pas encore de feuilles ; au printemps, les feuilles seraient trop jeunes ; ce terrain sera donc récolté la seconde année (1888) en automne ; à cette époque, la touffe aura eu le temps de repousser.

Un terrain récolté la première année au printemps pourra l'être la deuxième en hiver, puisqu'au printemps on ne doit arracher que les feuilles mûres de l'année précédente et laisser les nouvelles.

Dans tout ce qui précède, il y a des idées assez plausibles ; mais, en admettant que ce système fût inattaquable théoriquement, nous croyons qu'il serait trop difficile, en Algérie, d'en imposer l'application pratique aux exploitants d'alfa ; il serait presque impossible, vu l'état actuel des choses, de diviser les peuplements d'alfa en lots à peu près invariables, de décréter pour chacun un aménagement régulier et de faire exécuter cet aménagement ; l'Etat échouerait s'il voulait se faire à ce point le régulateur de l'industrie alfatière, et l'on ne saurait faire de l'immuable dans un commerce où tout change dans l'espace de peu d'années : la solvabilité des exploitants et le besoin plus ou moins grand qu'ils ont de réaliser des produits, les quantités d'alfa demandées par le consommateur ; le rendement lui-même, etc. . . .

En Espagne, il n'en est pas de même ; les exploitations d'alfa sont généralement des propriétés particulières relativement restreintes où l'aménagement en question s'exécute aussi facilement que celle d'un grand domaine agricole. En outre, le commerce des alfas en Espagne se fait beaucoup plus régulièrement, plus sérieusement qu'en Algérie : propriétaires du sol ou fermiers à très long bail, les exploitants sont à poste fixe ; ce ne sont plus des spéculateurs à courte vue ni des entrepreneurs au jour le jour : les capitaux ne leur manquent pas : ils ont des traités commerciaux de longue durée : ils connaissent parfaitement bien leur terrain et sont sûrs de son rendement ; leurs ouvriers ne flottent pas, ils s'attachent à la chose et sont tout-à-fait expérimentés.

Il est fâcheux qu'il n'en puisse être ainsi en Algérie.

En attendant, nous n'avons malheureusement pas à songer à l'adoption d'une telle méthode dans notre colonie où rien n'est encore certain, où tout est à étudier, où presque tout est à faire...

Dans ces conditions, est-il permis de sortir du provisoire ? Et, dans tous les cas, est-il possible de contenter tout le monde ? ?

Comme nous venons de le voir, les uns désirent une très grande restriction dans le commerce des alfas ; les autres, au contraire, réclament la liberté complète de ce commerce ; toutefois, les premiers comme les seconds n'interdisent la récolte en aucune saison. C'est précisément cette liberté qui exigerait une grande prudence, une grande sagesse, de la part des exploitants, et qui, par conséquent, paraît actuellement inadmissible en Algérie.

Nous croyons donc qu'il est malheureusement nécessaire de prolonger encore le provisoire. Il s'agirait toutefois de le rendre le moins mauvais possible.

Avant de nous prononcer sur cette délicate question, examinons ce passage d'un extrait de l'excellent rapport de mission publié en novembre 1886 dans le bulletin du ministère de l'agriculture et que nous avons souvent cité dans ce traité. M. Mathieu, conservateur des forêts à Oran, auteur de ce rapport (l'Alfa dans le département d'Oran) y dit notamment :

« L'exploitation rationnelle au point de vue cultural,
» consisterait à enlever les feuilles une à une, immédia-
» tement avant la saison des pluies ; l'exploitant ne ferait
» alors que prévenir l'élimination naturelle du produit
» foliacé en le cueillant, sans rompre les tissus vitaux, à
» l'époque où il a eu à peu près son effet utile pour déve-
» lopper la plante. Mais cette exploitation restreinte est
» impraticable au point de vue industriel ; elle serait en
» effet trop longue pour rémunérer suffisamment l'ou-
» vrier en égard à la faible valeur du produit...

» La période comprise entre la première sève et la
» floraison complète de l'alfa, peut être déterminée dans
» le département d'Oran suivant trois zônes parallèles
« allant de l'ouest à l'est :

» La première entre la mer et une ligne brisée passant
» par Marnia, Tlemcen, Sidi-bel-Abbès, Tiaret, la

» deuxième jusqu'à la limite sud du Tell et la derniere
» jusqu'à la ligne du Chott.

» La première zône ne présente que très peu d'alfa et
» fournit tout au plus le quarantième du produit mar-
» chand ; la dernière zône est la plus riche, surtout dans
» sa partie nord.

» La maturité de l'alfa se produit sept ou huit jours
» plutôt dans la première zône que dans la deuxième et
» dans la deuxième que dans la troisième ; elle peut
» d'ailleurs varier de 20 jours dans une même zône sui-
» vant que l'hiver a été plus ou moins pluvieux.

» Dans les conditions les plus habituelles, elle n'est
» pas atteinte avant le 16 juin dans la première zône, le
» 24 juin dans la deuxième, et le 1ᵉʳ juillet dans la troi-
« sième. La feuille, qui était plane et verte, se referme
» alors sous l'action de la sécheresse et passe au vert
» blanchâtre, son onglet présente un tissu ferme et une
» courbure prononcée ; elle est alors voisine de son
» maximum de développement de ténacité et de rende-
» ment industriel.

» Quand on exploite l'alfa avant maturité :

» 1° On épuise la plante en l'empêchant de s'enrichir
» du carbone qu'auraient élaboré les feuilles arrachées ;
» le dépérissement est bien plus rapide encore si l'on
» fait deux récoltes dans l'année.

» 2° On obtient un produit médiocre pour la papeterie
» car il est moins long et moins fibreux que celui de la
» feuille mûre.

» Quand les alfas sont vierges, ou n'ont pas été récoltés
» pendant deux ans et plus, chaque touffe présente une
» série de feuilles d'âges successifs. On peut alors en ex-
» traire, à une époque quelconque de l'année, un pro-
» duit dit loyal et marchand ; l'ouvrier laisse sur la tige
» les feuilles les plus courtes qui sont aussi les plus

» jeunes, car elles échappent à la poignée qu'il saisit ; il
» arrache les feuilles d'âge intermédiaire et celles qui
» ont commencé à noircir par la pointe sans que la pro-
» portion de ces dernières soit assez forte pour faire re-
» buter le produit. On pourrait obtenir de l'alfa de pape-
» terie en renouvelant l'exploitation chaque année à la
» même époque ; mais cette récolte faite en dehors des
» conditions normales de maturité ne saurait se perpé-
» pétuer sans nuire à la conservation de la plante.

» D'un autre côté, l'extraction pendant la saison des
» pluies, qui commence dans la deuxième quinzaine de
» novembre, provoque l'arrachis des racines du pourtour
» qui tiennent mal à un sol détrempé ; elle fournit un
» produit rempli de déchets, exposé à la fermentation
» parce qu'il est imprégné d'eau et entraîne des frais
» élevés de triage et de séchage. L'extraction pendant la
» saison pluvieuse est donc mauvaise au double point
» de vue cultural et industriel ; en fait, elle est rarement
» pratiquée.

» Pour éviter l'épuisement de la plante, tout en réali-
» sant le maximum du produit en quantité et en qualité,
» il faudrait opérer la récolte pendant quatre mois seu-
» lement, à partir du 15 juillet : mais, une pareille res-
» triction troublerait profondément les habitudes des al-
» fatiers et serait très difficile à faire respecter.

» En réduisant la période d'interdiction au minimum
» nécessaire pour conserver la plante, nous pensons qu'il
» y aurait lieu de la porter à 5 mois, savoir : du 16 jan-
» vier au 15 juin inclusivement dans le Tell inférieur ;
» du 21 janvier au 23 juin dans le Tell supérieur ; du 1ᵉʳ
» février au 30 juin inclusivement dans les Hauts-Pla-
» teaux.

» La récolte entre le milieu de novembre et le com-
» mencement de la période de prohibition serait nuisible

» à l'alfa ; mais, comme elle est très désavantageuse
» pous l'exploitant, on n'a pas à craindre de la voir prati-
» quer en dehors des circonstances exceptionnelles ; s'il
» en était autrement, il deviendrait nécessaire de porter
» à 7 mois la période de prohibition en la faisant com-
» mencer le 16 novembre, le 24 novembre et le 1er dé-
» cembre suivant les zônes..... »

Le rapport de M. Mathieu est très sérieux : ses conclusions pourraient être adoptées. Cependant, nous ne pensons pas qu'il soit nécessaire de faire varier les époques
d'interdiction suivant les zônes : ce serait trop compliqué,
car si, dans le département d'Oran, suivant M. Mathieu,
la végétation de l'alfa peut être classée suivant trois zônes
principales faciles à définir, dans celui de Constantine,
par exemple, le classement est loin d'être aussi simple ;
la végétation de l'alfa y offre beaucoup plus de variations,
comme nous l'avons indiqué au chapitre de ce traité.
Ainsi, dans une même zône, parfois dans une même
concession, il y a des différences multiples dans les phases
de végétation suivant l'altitude, l'exposition, etc.

Il faudrait multiplier les règlements à l'infini : on ne
s'y reconnaîtrait plus.

D'après nous, comme il s'agit seulement d'une différence maxima de 17 jours, il y aurait peu d'inconvénients à prescrire une mesure uniforme, mesure basée
aussi bien sur les besoins de l'exploitant que sur la protection due à la plante.

Si nous admettons, en nombre rond, une suspension
maxima de 6 mois, elle pourrait compter du 1er janvier
au 30 juin, mais mieux du 1er février au 31 juillet. Si l'on
pouvait se décider à un minimum, on suspendrait la récolte du 1er avril au 30 juin seulement, 3 mois, et, pour
notre part, nous n'y verrions pas beaucoup de dangers,
surtout si l'on pouvait imposer à l'exploitant de n'arra-

cher l'alfa que pendant 3 ans (ou 5 ans au plus) sur un même hectare, de façon à reposer ensuite la plante et à assurer ainsi sa conservation et sa reproduction.

En effet, le moment où la végétation de la feuille est le moins active parait être compris entre la fin de juillet et le 15 octobre.

La feuille pousse passablement dans la seconde moitié de l'automne ; un peu ensuite, beaucoup au printemps ; il semble donc rationnel d'arrêter l'exploitation au printemps, au double point de vue du rendement et de la prospérité de la touffe (1). Du 15 novembre au 1er avril, chaque fois que le sol est détrempé, l'exploitant n'a pas intérêt à abuser de la récolte : ses risques sont très-grands et, de lui-même, il ordonne la cessation du travail. Au commencement du printemps, en mars, les feuilles nouvelles trop courtes et sans valeur échappent facilement à l'arrachage ; en juillet, la récolte aurait encore quelques inconvénients, mais alors dans une grande partie de l'Algérie (département de Constantine notamment) la

(1) » Faits constatés de visu dans les peuplements de la Compagnie franco-algérienne : en 1883, l'exploitattion est faite au printemps, le produit est généralement maigre, peu allongé, de deuxième qualité ; la proportion de l'alfa qui serait propre à la sparterie est de 20 0/0 au maximum, les touffes n'étaient pas vierges, elles avaient été récoltées l'année précédente à la fin du printemps et en été les plus anciennes feuilles, 20 0/0, dataient de l'automne — 7 à 8 mois d'âge — toutes les autres, 80 0/0, étaient de l'année et peu mûres.

« En 1884, l'exploitation ne commence que du 15 juin au 7 et 8 juillet, suivant les chantiers ; le produit est allongé, la feuille plus nourrie : on y trouve 6 0/0 d'alfa de sparterie; le produit se composait de feuilles de l'année ayant atteint la maturité et de feuilles de l'automne précédent).

« En 1885, 15 au 20 mai, exploitation non encore commencée, mais très belle préparation pour la campagne en cours, montrant que la plante a plutôt gagné que perdu à l'exploitation tardive de l'année précédente (la touffe comprend des feuilles de l'automne et souvent de l'année. Ceci semble indiquer que l'exploitation d'été n'a pas été défavorable à la plante, tandis que celle du printemps lui a nui sensiblement ; mais, si l'arrachage se faisait pendant plus de trois étés de suite sur la même touffe, celle-ci dépérirait très vite, ainsi que cela a été constaté souvent, parce qu'elle n'aurait plus le feutrage de feuilles mortes qui protégerait son pied pendant les grandes chaleurs.

moissons des céréales, absorbant presque tous les bras
et toutes les bêtes, force l'exploitant à modérer l'arrachage.

Nous reviendrons d'ailleurs sur cette question de suspension de récolte à la fin de ce traité, en donnant nos
conclusions et en indiquant toutes les mesures à prendre.
(chap. V).

Ces mesures devraient s'appliquer à tous les terrains à
alfas domaniaux, communaux et même aux terrains
melks (propriétés particulières). Si ceux-ci étaient exemp-
tés de la prohibition périodique annuelle, les autres,
auxquels elles seraient prescrites, se trouveraient dans
une situation trop inférieure au point de vue industriel
et commercial et, en outre, il serait souvent impossible
de rendre cette prohibition effective, un alfatier pouvant
installer sa bascule dans un melk et y recevoir l'alfa de
toute provenance (ce qui se fait aujourd'hui).

« En assujettissant à la mesure les terrains melks, il
» pourrait en résulter pour les consommateurs une par-
» tie des effets nuisibles indiqués plus haut, mais cette
» mesure présente des avantages qui compensent ces
» inconvénients.

» D'ailleurs, le produit des terrains soi-disant melks,
» qui alimentent en partie les papeteries pendant les
» 3 mois 1/2 de prohibition, provenait, pour les deux
» tiers au moins, dans le département d'Oran, d'alfa volé
» dans les terrains de l'État et des communes.

» Il serait évidemment plus commode aux industriels
» d'avoir, en toute saison, une égale quantité mensuelle
» d'alfa, mais il ne faut pas que l'industrie tue la plante,
» et, d'autre part, même avec le système de l'exploita-
» tion libre, il y a généralement certains mois de chô-
» mage forcé : l'essentiel est de les faire coïncider avec
» l'époque où ce chômage est le plus nécessaire à la
» touffe d'alfa pour reconstituer son organisme. »

ARTICLE 3

Sommaire : Durée qu'il convient de donner aux baux de location et étendue moyenne à attribuer aux lots (baux courts ou longs, concessions restreintes ou étendues .

1.— Dans la question qui précède (art. 2 de ce chapitre), nous avons discuté divers avis qui tous, quoique différents, paraissent admissibles, suivant le point de vue.

1° S'agit-il de restreindre le commerce des alfas le plus possible, — sans l'interdire trop complètement ? s'agit-il par exemple de frapper cette matière d'un droit de sortie équivalent à une prohibition pour les qualités inférieures ? Dans ce cas, nous verrions plus d'avantages que d'inconvénients à accorder de longs baux : la plante se trouverait suffisamment ménagée par le choix que l'on ferait des feuilles, etc.....

2° Il en serait de même si l'exploitant pouvait avoir la sagesse et posséder, en même temps, les moyens de suivre la méthode dite espagnole (alterner les saisons de récolte et donner ensuite au peuplement un repos suffisant, repos de plusieurs années), une touffe récoltée 2 ou 3 ans de suite (art. 5.), mais seulement une seule fois au printemps pendant cette période, serait ensuite laissée en repos pendant 2 ou 3 ans (art. 5), et aurait ainsi le temps de reconstituer ses organes.

3° De même, à plus forte raison, si cette période de repos (2 ou 3 années) était pratiquée sans préjudice de l'interdiction annuelle de l'arrachage au printemps.

En principe, un bail devrait pouvoir être long :

Pour exploiter convenablement, il faut avoir des capitaux en suffisance et par conséquent le temps nécessaire pour les amortir sûrement (les capitaux ont horreur du précaire !) Il faudrait, en outre, avoir assez de temps devant soi pour contracter des traités sérieux, directement avec les consommateurs.

C'est précisément pour ce motif, que l'alfa, actuellement, ne profite pas à l'Algérie comme il le devrait : les adjudications ne se font pas toujours dans de bonnes conditions ; les concessionnaires n'ont généralement pas d'argent : les capitalistes leur tournent le dos ; la commune abuse de cette situation, les exploitations périclitent, la ruine menace les exploitants qui sont obsédés par la vitesse du temps et aussi quelquefois par la peur de la dépossession (1), peur que leur causent certains

---

(1) Toutefois, l'administration a été jusqu'ici très indulgente. Elle ne croyait pas qu'il y ait eu une seule dépossession pour cause de mauvaise exploitation ; au contraire, il y a de très fréquentes résiliations par des adjudicataires se di-

articles, cependant très raisonnables, du cahier des charges : la plante, dans ces conditions, est souvent mal-traitée : on l'exploite au jour le jour, au lieu de la ménager, l'avenir de l'exploitant étant mal assuré. C'est là encore une cause de dépérissement qui n'est pas négligeable.

La durée de 15 années, admise en principe aujourd'hui, serait assez longue à la rigueur : le concessionnaire pourrait avoir le temps et le cœur de s'intéresser à la chose et d'y attacher un bon personnel, son capital bien administré pouvant être amorti.

Cette durée devrait, à notre avis, pouvoir se prolonger à certaines conditions : on s'intéresserait alors tout à fait à sa chose.

4° Mais nous devons le reconnaître, les exploitants font rarement leur devoir...., et si la mesure fiscale pour la sortie de la marchandise ne peut être admise, si le repos biennal ou triennal ne peut être imposé, contrôlé. — si le statu quo plus ou moins modifié (suspension d'arrachage pendant une période de 3 à 6 mois, sans période biennale ou triennale de repos) devait être forcément maintenu, d'après les explications que nous en avons données, les baux ne devraient être que de 3 années (5 au plus), sauf renouvellement, toutefois, en cas de bonne exploitation, dans le cas, par exemple, où l'exploitant pourrait prouver qu'ayant fait 2 lots de ses terrains, il n'en a exploité que la première moitié pendant 2 ou 3 ans (5 ans au plus), afin de reposer ensuite celle-ci assez longtemps pendant l'exploitation de l'autre.

En effet, nous ne connaissons pas de peuplement d'alfa

sant insolvables, dès que la baisse du prix de l'alfa rend leur location peu avantageuse : l'autorité compétente, qui pourrait les refuser en droit strict, les accorde moyennant paiement d'une portion des annuités restant à courir, en s'inspirant de l'équité, sans se retrancher derrière la légalité.

récolté pendant plusieurs années consécutives, fût il exploité d'une manière loyale et ne donnant prise à aucun reproche, qui ne soit plus pauvre après qu'avant. Pour nous toute exploitation d'alfa nuit à la plante : une bonne exploitation souvent répétée la fait mourir lentement, une exploitation sans règle et sans trève la tue rapidement, mais la mort est toujours au bout. Cependant, il n'est pas indifférent qu'elle arrive au bout de trois ans ou d'un demi-siècle. Dans les conditions actuelles, en présence de ce dépérissement progressif, des variations du prix de l'alfa dues à des modifications incessantes dans les besoins de la consommation, et surtout dans les lieux où elle s'approvisionne, nous croyons que les baux à long terme ne doivent pas être passés ; on aurait beau les stipuler, on n'arriverait jamais jusqu'au bout ; dans le département d'Oran, les 3/4 des baux de cinq ans sont résiliés ou sont l'objet de demandes en résiliation, et, en fait, les baux de cinq, dix ou quinze ans ne dépassent *jamais* la cinquième année.

La Compagnie Franco-Algérienne, qui a une concession de quatre-vingt-dix-neuf ans, serait depuis longtemps en liquidation si elle n'avait pas d'autres ressources que la récolte de l'alfa.

2. — L'étendue des concessions devrait dépendre des moyens de l'exploitant, de la densité et de la situation des peuplements d'alfa.

Elle est généralement déterminée par celle des terrains à alfas contenus dans une ou plusieurs communes.

Il faut éviter qu'il y ait plusieurs concessionnaires dans une même commune ; ils se feraient concurrence d'une manière brutale ; la déloyauté présiderait au travail et entretiendrait la confusion ; les certificats d'origine seraient inefficaces ; les transports indigènes seraient retenus par un concurrent ; les ouvriers deviendraient intraitables ; ils passeraient d'un patron à un autre : le dégoût se produirait et tout en pâtirait.

Depuis quelques années, l'administration a compris cette situation et le lotissement des concessions a été parfaitement établi par le service forestier notamment dans le département de Constantine.

Sauf certaines exceptions (1), chaque commune indigène (2) forme un seul lot réparti sur plusieurs douars ou sections communales.

L'étendue des concessions est exagérée quand elle approche de 100.000 hectares.

Les concessions trop restreintes ont leurs inconvénients, comme celles qui sont trop grandes.

Les premières sont peut-être mieux surveillées, mais elles exigent relativement plus de capitaux et de frais généraux, et l'exploitant en abuse davantage.

Une grande concession contient généralement une forte proportion de terrains pauvres. Certaines parties peuvent rendre de 1.000 kilos à l'hectare, mais beaucoup en donnent 200 à peine, et il y a des espaces assez grands qui sont vides ou presque vides : on peut, dans ces concessions, prendre pour moyenne 400 kilos (1), tandis que la moyenne des petites concessions atteint généralement 600 kilos par hectare.

Une concession de 5.000 hectares, par exemple, sagement exploitée, avec le repos périodique que nous dis-

______

(1) Notamment pour les grandes concessions accordées à certaines compagnies de chemins de fer (La Franco-Algérienne a environ 700.000 hectares sur lesquels on ne peut guère compter que 480.000 hectares de peuplements d'alfa, exploitables industriellement.

(2) Commune mixte généralement.

(1 Etablissement général, chantier d'arrachage, séchage, triage, cavalerie, matériel, divers hangars, ateliers de pressage, etc., etc. Dans ce chiffre de 50.000 francs, nous ne comptons pas les transports locaux ; nous les supposons loués. Nous ne comptons pas non plus les fonds de roulement : ceux-ci dépendent des traités commerciaux. (Voir chap. ii, art. 6).

cuterons ultérieurement, produirait annuellement $\frac{20.000}{2} =$ 10.000 tonnes et demanderait 50.000 francs environ de capital de premier établissement, dont 18.000 pour un atelier de deux presses (1).

Une concession de 3.000 hectares produirait 900 tonnes (2) au moins, et nécessiterait un capital d'installation de 13.500 francs dont 10.000 francs pour une presse, laquelle pourrait emballer plus de 6,000 tonnes.

La presse joue une rôle considérable dans cette industrie, eu égard aux transports, au frêt, à la conservation de la marchandise, etc., d'autant plus que l'acheteur exige que la balle ait telle densité et qu'elle soit confectionnée de telle ou telle façon. La concession de 3.000 hectares doit donc employer la même presse que celle de 20.000 hectares produisant 6.000 tonnes (avec repos périodique) et exigeant un capital de 55.000 francs dont 10.000 pour la presse.

Au point de vue du capital, le minimum d'étendue devrait être par conséquent de 20.000 hectares (3), alimentation d'une presse (4), en admettant qu'on n'exploite à la fois que la moitié du peuplement (5), sinon ce minimum pourrait être de 10.000 hectares (6).

(1) L'installation complète d'une presse, y compris les hangars, etc., coûte 10.000 francs ; l'installation de deux presses réunies au même endroit, ne coûte que 18.000 francs. (Voir chap. II art 2.

(2) 1800 ; 900 à cause de la période de repos.

(3) Plus ou moins suivant le rendement.

(4) 12000 : 6000 tonnes.

(5) Notons que, dans les petites concessions, le commerce est plus difficile, généralement ; pour l'alfa le commerce ne se fait en petit qu'à l'aide d'intermédiaires cupides. Pour vendre directement et avoir le frêt à bon marché, il faudrait faire des chargements complets et des expéditions régulières.

(6) Il ne s'agit ici que de l'intérêt de l'exploitant.

ARTICLE 4

Sommaire : Mise en défens de terrains à alfa en exploitation ; — effets du pâturage des différentes espèces d'animaux ; indications de ceux qu'il conviendrait d'écarter des peuplements et de l'époque où leur pâturage est le plus préjudiciable.

1. — Cette question a été traitée dans le chap. ii, art. 3 et 4 de ce mémoire, notamment en ce qui concerne les effets du pâturage des différentes espèces d'animaux et nous y renvoyons le lecteur (1).

2. — L'administration a cru devoir jusqu'ici conserver aux indigènes le droit de parcours pour leurs troupeaux

(1) « Le chameau mange au printemps l'épi vert de l'alfa, les herbes et les
» chardons ; en été, il se nourrit dans les Chotts, et en automne il consomme
» principalement des feuilles d'alfa et accessoirement de sennera.
» Le cheval ne mange la feuille d'alfa que quand il ne trouve pas d'autre
» nourriture, mais il est très friand des rhizômes.
» Le bœuf mange l'épi vert et la jeune feuille de l'alfa, mais il ne touche pas
» à la racine.
» Le mouton broute par exception quelques feuilles naissantes et quelques
» épis d'alfa : mais il lui serait impossible de se nourrir habituellement de cette
• plante.
» Le cheval préfère les menues graminées, mais s'accommode cependant de
» l'alfa surtout quand il est jeune. » M. Mathieu, conservateur des forêts à
Oran. — Extrait d'un rapport de mission.

au milieu des alfas, même au printemps, saison où le ravage de certains animaux est quelquefois à redouter pour cette plante (Chap. ii, art. 3 et 4).

3. — En décrivant les effets du pâturage des différentes espèces d'animaux, nous avons indiqué ceux qu'il conviendrait d'écarter des peuplements. C'est la chèvre, avons-nous expliqué, qui fait le plus de ravages : les chèvres en Algérie sont souvent mêlées aux moutons. Ceux-ci causent peu de dégâts ; le gros bétail, excepté le chameau, n'est guère à craindre. (Chap. ii, art. 3 et 4).

Les douars ayant presque tous une certaine étendue de parcours, en dehors des terrains à alfas, ne pourrait-on pas mettre en défens ces derniers terrains, en écartant des peuplements les chameaux et les chèvres, au moins depuis le quinze février au quinze juin, les herbes étant partout en grande abondance à cette époque ? Sauf le chameau, les bestiaux ne font un mal appréciable que dans les alfas récemment incinérés et dans les jeunes semis d'alfa (nous ne citons ces derniers que pour mémoire, car nous n'en connaissons pour ainsi dire pas et nous ne croyons pas qu'il en existe 1 sur 10.000 touffes d'alfas).

4. — Il suffirait donc d'écarter les chameaux des peuplements d'alfa au printemps (ce qui serait plus facile si cette saison coïncidait avec la prohibition de la récolte) et les autres animaux, pendant trois ou quatre ans, au moins, des alfas incinérés (1).

(1) Pour tout concilier (ou comme pis aller), ne pourrait-on réserver alternativement aux pâturages printaniers une partie des terrains alfas de chaque commune (ou mieux de chaque douar ou section communale), par exemple, la portion laissée en jachère décennale ; de manière toutefois à ce que le lot ainsi désigné ne fût pas celui à récolter l'année suivante, ce dernier devant se trouver intact au moment de l'exploitation. Certains auteurs ont parlé de l'utilité de créer des prairies et d'améliorer les pâturages communaux et indigènes. « L'insuffisance des ressources pastorales étant la principale cause de la ruine des forêts, » la création des pâturages rendrait les indigènes moins nomades. M. Calinet pense

ARTICLE 5

Sommaire : Interdiction éventuelle de l'établissement des chantiers d'alfa au sud des chotts pour y fixer les sables et y conserver aux tribus du sud une réserve pastorale (*Voir Chap. II, art. 3 et 4.*)

----

1. — On ne saurait employer trop de moyens pour fixer les sables situés au-dessus des Chotts et y conserver aux tribus du sud une réserve pastorale. (Voir chap. xi, art. 3 et 4.

qu'on peut arriver à créer des pâturages par le boisement et l'aménagement des eaux : il propose d'établir, dans les principaux ravins, des barrages peu coûteux, construits à l'aide de pieux et de clayonnages : de ces petits barrages partiraient des rigoles à pentes douces, etc., opération moins difficile du côté de Constantine que du côté d'Oran).

La restauration des pâturages est plus importante, plus facile et plus productive que le reboisement sur de grandes surfaces.

2. — L'alfa, nous l'avons dit, est comme le drinn, une plante de sables calcaires. C'est une plante plutôt fertilisante qu'épuisante, qui vit beaucoup aux dépens de l'air ; le sable qui divise, ameublit et rend très perméable le sol qu'elle préfère, multiplie les points de contact des agents atmosphériques avec ses racines, tout en permettant à ces agents d'activer la désagrégation des matières assimilables qu'il renferme avec le calcaire (1). (Chap. I).

3. — Donc l'alfa fertilise les sables et permet ainsi à d'autres herbes d'y germer et d'y croître ; avec ces herbes, l'alfa abrite et fixe ces sables tout en fournissant un aliment aux troupeaux.

4. — C'est pourquoi l'interdiction de l'établissement de chantiers d'alfa dans ces contrées du sud nous paraît très désirable. Il ne manque pas d'alfa en d'autres lieux moins éloignés.

5. — D'ailleurs, des exploitations aussi lointaines ne

(1) « En pratiquant des semis d'arbres au milieu des touffes d'alfa, on obtien-
» drait peu-être, disent quelques-uns, un reboisement artificiel, reboisement
» qui pourrait favoriser la végétation d'autres herbages plus abondants et plus
» nourrissants. Au milieu de ces touffes, ajoute-t-on, le simple épandage de la
» graine de pin sur les herbages, secouée ensuite par un simple balai, suffirait
» peut-être pour qu'un massif remplaçât dans quelques années cette végétation
» spontanée qui la protégerait d'abord, mais qu'un peu plus tard, il étoufferait
» pour produire d'autres herbages. Le piétinement des hommes et des animaux
» fait adhérer la graine. Le boisement des dunes mouvantes serait d'autant
» plus facile que le vent, dans ces régions, a toujours à peu près la même direc-
» tion. »

Illusion, à notre avis, les reboisements sont beaucoup plus difficiles à réussir, et, même dans le Tell, le semis *direct* des graines résineuses sur le sol à reboiser ne réussit que dans une infime proportion bien qu'il se pratique dans des potets préalablement piochés et ameublis sur 0.35 de longueur, largeur et profondeur. Il donne des résultats *nuls* dans les dunes sablonneuses du littoral entre Arzeu et Mostaganem. Le pin se sème en pépinière, et se repique à un an ou deux sur le sol à regarnir ; quand il est repiqué dans un terrain sablonneux sans consistance, les potets ne réussissent pas dans la proportion de 1 pour 100. Un épandage de graines de pin, dans ou entre les touffes d'alfa, ne produirait pas beaucoup plus d'effet que le répandage de ces mêmes graines dans la mer.

produiraient à notre avis que des profits médiocres et très aléatoires, du moins quant à présent : il est donc naturel que l'administration hésite à autoriser de telles entreprises.

6. — Ajoutons que les tribus quelquefois mal intentionnées de ces pays pourraient attribuer au gouvernement la cause de cette disette, dans le cas où, par suite de sécheresse extraordinaire, les herbes viendraient à faire défaut pendant quelque temps dans ces pays éloignés (1).

7. — « Dans ces pays, l'eau de surface est toujours éva-
» porée promptement par la force du soleil, mais le soleil
» et le vent ont créé les dunes et les dunes que nous croyons
» « l'emblème de la désolation » sont un préservatif.
» Elles absorbent l'eau des pluies, des crues, et dès lors
» l'eau est préservée de l'évaporation ; les dunes la con-
» servent, la filtrent et la rendent ensuite. Ce sont en
» somme d'immenses réservoirs qui dominent les bas-
» sins artésiens et les alimentent tout comme chez nous
» les grandes montagnes. » (*Le Petit Journal*, 12 septembre 1885).

La dune est le « couvre nuque du sol. » Elle présente à une certaine profondeur une humidité constante qui est favorable aux pâturages, quand les sables sont retenus par l'alfa ou autres végétaux. Il faudrait donc bien se garder d'appauvrir l'alfa par l'arrachage, là surtout où cette plante est indispensable au sol.

(1). « On ne peut rendre sédentaires les nomades qu'en créant des pâturages
» et on ne fera des pâturages qu'en retenant l'eau dans la région par des boise-
» ments partout où ils sont praticables et en fixant les dunes de sable. La fixa-
» tion des dunes aura pour conséquence la fixation des nomades. » (Docteur Tro-
lard, la question forestière en Algérie), voir art. 4, note A.

Chapitre IV
(Suite)

Améliorations à apporter dans l'exploitation pour arrêter le dépérissement

B. — PROCÉDÉS DE RECONSTITUTION DES PEUPLEMENTS D'ALFA ÉPUISÉS.

ARTICLE Ier

SOMMAIRE : Incinération des touffes épuisées ; saison de cette opération ; réserves à faire sur son emploi à des touffes d'une décomposition avancée ; mise en défens des peuplements incinérés ; sa durée ; bestiaux auxquels elle doit s'appliquer.

1. — Dans le chapitre Ier de ce mémoire, nous avons dit un mot de l'engrais naturel formé par les touffes d'une décomposition avancée et par les détritus provenant des feuilles et des racines mortes (1).

Ces détritus *détachés de l'alfa* (humus), agissent non-seulement comme engrais, mais comme amendement ; ils ne sont que bienfaisants : ils n'étouffent pas la plante, parce qu'ils ne dominent aucun de ses organes verts : leur capacité, intermédiaire entre celles de l'argile et du sable, corrige la plupart du temps d'une manière heureuse celle du sol naturel, en l'augmentant dans les sables peu mélangés de calcaire où elle est insuffisante, et en la diminuant dans les calcaires peu mélangés de silice où elle est trop forte pour l'alfa. C'est un engrais lent.

Combiné avec les cendres végétales qui forment elles-mêmes un bon amendement, l'action de l'engrais naturel est plus rapide et plus énergique.

Les cendres de l'alfa sont très chargées de sels alcalins et de silice. Par leur état de division extrême et leur solubilité, elles agissent directement, mais dans une proportion faible, sur la plante qui, par les spongioles de ses racines, aspire la quantité de sels fertilisants nécessaire à sa nutrition et à sa constitution : elles excitent et entretiennent la vigueur et le luxe de la végétation.

L'incinération de l'alfa a très peu d'effets sur le sol, car le feu s'arrête dans les touffes avant de toucher le terrain, il échauffe ce dernier sans le brûler ; elle ne saurait être comparée à un écobuage soit à feu couvert ou des mottes de gazon recouvrent des débris de bois et de

---

(1) L'engrais déposé par les animaux dans leur parcours ne profite guère qu'aux herbages qui naissent entre les touffes d'alfa.

D'ailleurs cet engrais est en quantité insignifiante vu l'étendue des parcours. Les sauterelles, en s'abattant en masse sur un terrain à alfa (ce qui arrive de loin en loin) y laisseraient un engrais très fertilisant.

végétaux qui brûlent lentement, soit à feu courant où le sol est jonché de ces mêmes débris préalablement coupés ou arrachés du sol et susceptibles de brûler jusqu'à leur dernière parcelle.

Les bons effets de l'incinération de l'alfa tiennent surtout à la suppression du feutrage de feuilles sèches encore adhérentes à la plante (1), à la base duquel dorment des bourgeons que la lumière viendra développer (*).

2. — L'incinération reconstitue les alfas épuisés, mais il ne faudrait pas en abuser ; c'est un remède in-extremis et non un procédé de nutrition ; si on la rendait périodique et fréquente, on détruirait chaque fois les bourgeons extérieurs qui se sont produits depuis la dernière incinération, parce qu'ils ne seraient pas encore assez serrés entre eux pour échapper à l'action du feu, et l'on réduirait progressivement la partie active du végétal, sans compter que le feu aurait probablement une action desséchante sur les racines traçantes qui se sont produites au pourtour de la touffe.

Donc, ce qu'il faut, c'est l'incinération des alfas réduits à un paquet de feutrage, d'où sortent quelques feuilles vertes, mais non l'incinération des alfas sains ou dont l'épuisement commence seulement à se manifester. Incinération très rare d'un peuplement étendu, mais incinération habituelle des touffes qui meurent çà et là dans le peuplement. Voilà ce que nous recommandons.

Incinérer telle touffe plutôt que telle autre est une opération facile à pratiquer, car on ne peut incinérer les alfas sans mettre le feu à chaque touffe séparément, sauf par un vent violent ; encore, dans ce cas, l'incendie se

---

(1) Ne pas confondre avec les détritus détachés de l'alfa et qui sont tombés en humus sur le pied.

(*) Par contre la suppression du feutrage peut rendre la récolte dangereuse en été.

propage-t-il d'une manière irrégulière et s'arrête-il bientôt, surtout en hiver.

Nous pensons que cette mise à feu ne causerait pas de dangers.

Il y aurait toutefois des précautions à prendre près des forêts, des plantations, des habitations, des chantiers, des récoltes, etc. L'administration ferait exécuter près des tentes les mesures nécessaires pour éviter les accidents.

L'incinération aurait lieu de préférence en hiver (1), afin d'éviter les dangers de la propagation trop grande du feu et de priver le moins longtemps possible la plante de ses feuilles (celles-ci repoussent dès mars suivant). En outre, les cendres risqueraient ainsi beaucoup moins d'être emportées par le vent, cette époque étant plus rapprochée des pluies qui en faciliteraient l'assimilation.

L'alfa récolté en été et en automne, sur des touffes incinérées en hiver, est d'une pureté remarquable ; mais, comme le feutrage a disparu, il ne serait bon de les récolter que trois ou quatre ans au moins après l'incinération, afin surtout que le feutrage pût se réformer suffisamment pour protéger en été le pied contre les ardeurs du soleil (*).

Tous les bestiaux (chameaux et chèvres surtout) font un mal appréciable dans les alfas récemment incinérés, surtout au printemps.

3. — Les peuplements très incinérés devraient donc

(1) En décembre et janvier surtout.

(*) Une touffe incinérée se reconnaît deux ou trois ans après l'incinération.

Comme dans les petits semis d'alfa ; nous ne mettons ces derniers que pour mémoire, car nous n'en connaissons pour ainsi dire pas et ne croyons pas qu'il en existe 1 sur 10,000 touffes.

être mis en défens pendant au moins trois ans (1), principalement de février à juin (au moins) (2) ; cette mesure s'appliquerait surtout aux chameaux et aux chèvres.

(1) Pendant deux ou trois ans à la rigueur ; cependant, il serait bon que la touffe incinérée restât en repos plus de trois ans, pour les raisons indiquées plus haut.

(2) « La touffe d'alfa épuisée par une mauvaise exploitation ou même par une
» exploitation régulière, renouvelée chaque année pendant une assez longue pé-
» riode, n'a presque plus de feuilles vertes, mais présente un amas de feuilles
» sèches ayant à leur base des bourgeons dormants. L'incinération sur pied
» supprime ce feutrage, comme elle ne pénètre pas jusqu'au fond serré de la
» touffe, elle laisse subsister les bourgeons qui s'y trouvent ou n'en détruit
» qu'une faible partie, leur permet de se développer à la lumière et de rajeunir
» la plante. Nous avons constaté les bons effets de l'incinération faite pendant
» la saison des pluies, sur des touffes qui n'ont pas atteint leur dernier degré
» de décomposition ; elle détruirait en effet les bourgeons qu'elle a pour but de
» vivifier, si elle était pratiquée pendant les grandes chaleurs, ou sur des touffes
» assez décomposées pour avoir perdu, sous l'action du vent ou de la pluie, le
» petit monticule de terre qui s'amasse à leur base pendant la période de
» vitalité.

« L'incinération ne peut se faire qu'en allumant séparément chaque touffe,
» sauf dans le cas, assez rare, où deux pieds voisins mélangent leur feutrage
» retombant ; une fois la touffe mise en feu, l'alfa vert brûle aussi facilement
» que l'alfa sec et dégage une très forte chaleur, l'opération faite par des ou-
» vriers indigènes de choix n'est revenue qu'à 5 francs par hectare, prix mini-
» mum qui avait toujours été longuement dépassé.

» Ces peuplements brûlés en bonne saison donnent de l'alfa exploitables la
» quatrième année si les pluies ont été fréquentes, et la cinquième dans les cir-
» constances habituelles. »

(L'alfa dans le département d'Oran, par M. Mathieu, conservateur des forêts à Oran.)

ARTICLE 2

SOMMAIRE : Semis: mode d'emploi et de récolte de la graine.

---

1. — Comme nous l'avons dit au chapitre Iᵉʳ, la graine d'alfa est petite ; elle est difficile à récolter au moment même de sa maturité : alors elle tombe et elle est emportée par les vents qui la sèment ; elle germe ordinairement au milieu des herbages ou dans l'intérieur des vieilles touffes où elle se trouve à l'abri.

2. — La récolte peut se faire un peu avant sa parfaite maturité (juin, juillet), suivant l'état atmosphérique, les expositions, les zônes. etc. On coupe aussi bas que possible les tiges porte-graines (épis), que l'on ensache aussitôt pour les transporter à l'abri, à l'ombre dans une chambre, par exemple. Là, on les étale par bottelettes sur une toile, de manière à ce qu'elles sèchent doucement, ce qui permet aux graines d'atteindre leur complète maturité ; ce degré obtenu, on secoue les épis et l'on recueille les graines sur la toile. La difficulté est de saisir le moment le plus favorable pour cette récolte.

3. — Les essais de semis n'ont pas toujours été heureux : on s'y est peut-être mal pris, ou bien le terrain ne convenait pas, ou bien l'ouvrier a manqué de patience, la

germination ne se manifestant ordinairement que la deuxième année au printemps.

4. — Pour bien réussir, les graines doivent être préalablement mélangées avec du sable et de la cendre végétale ; le terrain doit être sablo-calco-argileux, très divisé, très meuble, légèrement humecté de temps à autre et suffisamment abrité jusqu'au moment de la germination. Des essais ont été faits dans des caisses contenant 2/3 de terre calco-sablo-argileuse et 1/3 de sable très *fin* ; ils ont bien réussi.

5. — Les semis peuvent se faire en automne, mais il nous semble qu'ils ont mieux réussi quand ils ont été faits de février à mars.

6. — Des graines semées sur les parties nues d'un peuplement d'alfa n'ont rien produit. Nous en avons semé dans des touffes et nous avons remarqué certains résultats, mais cette jeune végétation que nous avons observée provenait-elle de nos semis ou de semis naturels ? C'est ce que nous n'avons pu parfaitement constater.

Quoi qu'il en soit, les semis d'alfa pratiqués en grand seraient probablement coûteux et aléatoires : la nature d'ailleurs semble se charger de ce soin beaucoup mieux que ne saurait le faire la main du cultivateur le plus expérimenté. Ajoutons que les semis d'alfa donnent des résultats très lointains, la touffe n'étant propre à la récolte qu'à partir de l'âge de dix ans, douze ans et souvent quatorze [1]. Vers six et sept ans, le plant donne seulement de de 100 à 150 grammes de feuilles par an ; la récolte va ensuite en doublant, triplant, etc. ; après quinze ans, la plante, quand elle est très vigoureuse, peut donner 1 kilog.

[1] C'est alors seulement qu'elle est suffisamment fixée au sol pour résister à l'arrachage des feuilles : pendant les premières années, elle a à redouter le ravage des troupeaux.

A un certain âge, la touffe (1) se divise quelquefois d'elle-même (voir chapitre I).

(1) « La transplantation des touffes ou portions de touffes d'alfa ne peut abou-
» tir qu'à un insuccès à peu près certain. En effet, si l'on veut replanter une
» ramification pourvue de racines, ces dernières, très délicates, sont en partie
» arrachées ; la section isole le sujet de la souche-mère qui lui envoyait la plus
» grande partie de la sève ascendante ; enfin le replant, pour avoir une assiette
» solide, ne peut pas être enfoncé à la faible profondeur qui conviendrait à ses
» racines traçantes.
» Le semis n'est guère plus praticable. La semence n'est fertile que dans les
» alfas vierges ou ménagés ; elle est très rare, excessivement ténue et se dissé-
» mine aussitôt qu'elle est mûre. Si l'on veut attendre un moment pour la ré-
» colte, elle est tombée ou tombe au moindre choc ; et, si l'on devance l'époque,
» elle n'est pas encore assez mûre pour germer ; il faudrait donc connaître
» exactement le moment de la maturité, couper quelques jours avant les hampes
» fructifères et les secouer ensuite après un repos destiné à compléter la matu-
» ration.
» Il faut donc éviter d'épuiser les peuplements d'alfa, car, ils ne se régénèrent
» ni par eux-mêmes ni par la main de l'homme, l'incinération ne fait que pro-
» longer le rendement des touffes existantes, les transplantations et les semis ne
» peuvent donner que des résultats insignifiants.
L'Alfa dans le département d'Oran, par M. Mathieu, conservateur des forêts à Oran.

ARTICLE 3

SOMMAIRE : Période de repos ; sa durée pour permettre à la plante de reconstituer ses organes et de redevenir industriellement exploitable.

---

1. — L'alfa, comme toutes les plantes, a besoin, *nous le répétons*, de plusieurs éléments pour végéter et se perpétuer (1). Le corps le plus important est le carbone ; la plante en demande environ 50 0/0 de son poids puisé dans l'air : elle a besoin aussi d'hydrogène, d'oxygène, d'azote et d'une petite quantité de phosphore, etc. Ces deux derniers éléments sont surtout nécessaires pour la formation de la graine (et par conséquent dans la culture des céréales) : ils le sont beaucoup moins dans une plante dont on utilise les feuilles.

(1) Carbone, hydrogène, oxygène, azote, phosphore, silicium, potassium, sodium, calcium, aluminium, magnésium, fer, soufre, chlore, manganèse, iode, etc.

Le carbone provient de l'air atmosphérique ; les autres éléments proviennent surtout du sol (1).

D'après M. Boussingault, l'azote vient d'en haut, le phosphore d'en bas, mais l'un et l'autre, pour servir aux végétaux, doivent être dans un état assimilable soluble : cet état résulte de plusieurs phénomènes, de certaines combinaisons où viennent prendre part, dans une certaine mesure, les matières produites par les débris, les détritus des plantes elles-mêmes. L'azote par conséquent ne provient pas directement de l'air, mais il est puisé par les racines dans le sol où se tiennent des principes azotés.

Les détritus rendent au sol une partie des principes qui lui avaient été empruntés ; en outre, ils l'enrichissent en lui fournissant des matières élaborées aux dépens de l'atmosphère ; ils n'agissent pas seulement par les composés azotés qui s'y trouvent, « mais aussi par leurs prin-
» cipes hydrocarbonés qui sont l'occasion d'une nou-
» velle fixation d'azote. Ainsi, toute matière végétale
» ajoutée au sol, augmente la richesse en azote, directe-
» ment par l'apport de substances albuminoïdes, indi-
» rectement par la fixation dont ses principes hydrocar-
» bonés seraient la cause, ce qui justifie l'opinion de
» Thaë, qui jugeait de la fertilité d'une terre par la quan-
» tité de combustible végétal qu'elle contenait (2). »

Supprimez plus ou moins ce combustible, l'anémie ga gnera la plante qui dépérira plus ou moins vite.

2. — Or, l'alfa (stipacé est pour ainsi dire tout en feuillles : récoltez toutes ses feuilles sans discontinuer pendant un trop grand nombre d'années, que laisserez-vous à la terre comme matière réparatrice, et surtout à la plante pour puiser dans l'air sa réserve de carbone ?

(1) Phosphates divers, acide phosphorique, etc.
(2) A. Favier, idem.

Quelle que soit la longueur, quelle que soit la saison de l'interdiction annuelle de récolte, les feuilles, à chaque touffe, n'en sont pas moins arrachées chaque année sans interruption, pendant cinq, dix, quinze années et même davantage, suivant les baux de concession. Cette mesure préservatrice est donc incomplète.

Il est vrai que l'alfa est une plante plutôt fertilisante qu'épuisante, il est vrai que les premières couches sableuses qui recouvrent le sol dans la plupart des peuplements, dont le terrain est assez meuble, se retournent et se renouvellent quelquefois naturellement par l'action des vents du sud chargés de sable. Une quantité relativement faible de résidus végétaux pourrait donc, à la rigueur, suffire au sol de l'alfa.

Mais, d'un autre côté, l'arrachage (1) d'une touffe, non-seulement nuit à la respiration végétale, mais il mutile, ébranle et énerve les organes de la plante (2), ce qui peut la rendre industriellement inexploitable après la troisième année de récolte et finit par la tuer.

3. — Une période de repos de plusieurs années nous paraît donc nécessaire, non-seulement pour rendre au sol certains éléments utiles à la plante, mais encore pour permettre à celle-ci de reconstituer ses organes et de redevenir industriellement exploitable.

Quelle durée *minima* conviendrait-il de donner à cette période ?

Au point de vue du peuplement, elle devrait être longue, mais il n'en est pas de même au point de vue de l'exploitation industrielle. Il faudrait choisir un juste milieu et encore ! Comment rendre praticable une réglementation dans ce but ? Ne resterait-elle pas à l'état de lettre morte, eu égard aux considérations précédemment

(1) Cependant, ce procédé (l'arrachage), est le moins mauvais.
(2) Graines, tiges, racines.

exposées. C'est ce que nous examinerons attentativement.

Cette durée *minima* devrait-être, dit-on, au moins égale à celle de la période d'exploitation : nous le pensons ainsi ; mais discutons : les uns conseillent un an de repos après un an de récolte ; « une partie (1) des feuilles étant laissée sur la plante dans l'espace de deux ans, le sol en profite dans une mesure à peu près satisfaisante et le feutrage de feuilles sèches se trouve presque assez renouvelé pour protéger le pied contre les ardeurs du soleil ou les froids trop vifs ; mais les organes mutilés par un arrachage trop brutal, ont-ils le temps de se réparer en une année ? » Nous ne le croyons pas (1).

Pour reconstituer ces organes lésés, l'expérience a prouvé que deux ou trois années au moins étaient indispensables (2).

En Espagne, où les exploitations d'alfa sont généralement des propriétés particulières relativement restreintes (3), chaque exploitant adopte la méthode qui lui convient le mieux en vue de ménager la plante, sans entraver l'affaire, et tous ont soin d'accorder au terrain une période de repos : les uns récoltent le même hectare une année sur trois, aménageant le terrain en trois lots — 3 coupes réglées (4).

(1) En outre, les ateliers d'exploitation seraient trop souvent changés et d'ailleurs les feuilles de deux ans se tiennent souvent encore debout et seraient arrachées en partie.

(2) Après trois années consécutives de récolte le peuplement est assez fatigué pour avoir besoin de cinq années de repos au moins.

(3) Certaines exploitations ont moins de 1000 hectares.

(4) Si un exploitant algérien pouvait se décider à adopter ce système à l'avenir, il aurait, pour produire sa quantité habituelle de marchandise au même prix, à obtenir une concession trois fois plus vaste (ou plus peuplée), en payant une redevance annuelle trois fois moindre par hectare. Nous n'y verrions guère d'inconvénient, si le contrôle pouvait s'effectuer facilement : chacun y retrouverait son compte : l'État, les communes, le producteur, comme le consommateur : les

Les autres divisent leur champ en deux lots ; chaque lot est récolté pendant deux ou mieux pendant trois années successives et repose ensuite *le même temps*. (1)

Mais jusqu'à quel point serait-il possible d'imiter pour l'Algérie ce qui se fait si facilement en Espagne ?

Nous avons expliqué précédemment (chapitre II, article 3), que la touffe arrachée annuellement souffrait dès la troisième année ; un repos serait donc utile après deux-années ou au plus trois de récoltes successives : ce repos devrait durer deux ou trois ans ce qui, au point de vue où nous nous plaçons dans cet article, semblerait à peu près suffisant pour tout concilier. Trois années, cela aurait pour avantage de permettre des baux rationnels et de laisser plus de détritus (feuilles mortes) sur le sol, mais la première récolte qui suivrait le repos donnerait un produit plus difficile à trier.

Ce qu'il y a de certain, de parfaitement constaté, c'est que la plupart des concessions actuelles en Algérie sont usées au bout de cinq ans d'exploitation ; souvent même elles sont déjà endommagées après trois années de récolte, et cela, malgré la suspension de l'arrachage au printemps.

Il est donc évident, nous ne saurions trop le répéter, qu'un repos de plusieurs années est indispensable après cinq ans de récolte et qu'il est déjà utile au bout de trois ans.

Mais, peut-on l'obtenir? c'est ce que nous verrons au chapitre V.

4. — Si l'on avait affaire à des concessionnaires à longs

peuplements d'alfa ne font pas défaut en Algérie et seraient mieux conservés, la qualité du produit serait meilleure et le commerce n'en serait pas diminué.

(1) Nous préférions cette méthode à la précédente, surtout le repos de trois ans après trois ans de récolte.

Nous admettrions à la rigueur cinq ans de récolte suivies de cinq ans de repos.

baux ayant la volonté d'exploiter sérieusement, au lieu de se livrer à un mauvais agiotage, on pourrait les engager, dans leur propre intérêt, à suivre une des méthodes en usage en Espagne, combinée avec celle que nous avons recommandée, page 143.

Exemple : 1° Séparer sur le terrain les douars partiels A. B. C. D. E... par des lignes naturelles et artificielles etc., ce qui est très facile à pratiquer comme nous l'avons dit.

Ceci étant admis, le reste est aussi simple et ne peut-être repoussé ; à savoir : 2° séparer de même chacun de ces lots de douars partiels en deux parties à peu près équivalentes comme rendement.

3° Visiter le lot de chaque douar (comme il a été dit), pendant et après l'exploitation et diminuer ou supprimer pour l'année suivante le travail aux douars qui exploiteraient mal ou qui ne laisseraient pas en repos la moitié de leur lot pendant la récolte de l'autre (trois ans de récolte, trois ans de repos par exemple). (*)

Rien n'est plus aisé que de distinguer l'hectare récemment récolté (même après douze mois), de celui qui est en repos depuis plus d'un an. Il n'est même pas difficile de reconnaître que tel terrain n'a pas été récolté depuis un an, deux ans, trois ans.

Par ce système, les installations d'ateliers resteraient fixes, les mêmes ouvriers seraient tous les ans attachés au même travail, dans la même localité, et cependant le terrain reposerait suffisamment.

Sans imposer précisément cette méthode aux adjudicataires, nous voudrions les engager à l'adopter si c'est possible, et cela au moyen de certaines mesures admi-

(*) Au lieu de séparer en deux chaque douar partiel on pourrait diviser en deux toutes les concessions ou prendre encore d'autres dispositions, mais le travail par douar nous paraît présenter beaucoup d'avantages et simplifier la question à bien des points de vue.

nistratives que nous discuterons au chapitre V, qui suit (1`.

(1) Il serait bien désirable qu'on pût le faire ; nous ne pouvons nous prononcer sur ce point.

Avec le repos triennal, sans préjudice de la suspension printannière, la concession ne donnerait au conccesionnaire que la moitié de son rendement ; est-ce un mal ?

D'ailleurs; l'exploitant n'aurait qu'à se faire adjuger deux fois plus de terrain, et il est probable que le prix de l'adjudication le lui permettrait bien.

Chapitre V

Réglementation Administrative

ARTICLE 1er

Sommaire : Mesures administratives prise dans les pays
producteurs pour empêcher le dépérissement de
l'alfa.

1. — Les matières de ce chapitre ont été en grande partie traitées dans les chapitres qui précèdent.

En Espagne et en Tunisie, comme nous l'avons dit, les mesures concernant l'alfa sont toutes fiscales.

Quant aux époques d'interdiction, aux périodes de repos, au mode de récolte, aux règlements pastoraux, etc., ce sont les exploitants eux-mêmes qui les établissent à leur fantaisie, sauf dans les terrains à alfa possédés par l'Etat en Espagne, où il existe une réglementation sévère interdisant l'exploitation pendant huit ou neuf mois.

En Tunisie, où la cueillette est libre, les droits sur l'alfa étaient jusqu'à présent très élevés et variables. Un récent décret (1887) porte réduction des taxes sur l'alfa qui, en 1879, était frappé dans le Sahel (Tell), de trois piastres 4 caroubes (1 fr. 90) et dans le reste de la région de 2 piastres 4 caroubes (1 fr. 40), par quintal tunisien.

Les droits sont ramenées à 2 piastres 2 caroubes (1 fr. 30), par quintal (100 kilos), pour toute la région, soit environ 13 fr. par tonne de mille kilos.

« Cette mesure semble, dit-on, donner satisfaction à » la réclamation des alfatiers tunisiens pour lesquels » la cueillette de l'alfa est une ressource qui doit parfois » suppléer à toutes les autres.

Ces mesures fiscales n'ont pas été prises précisément dans le but de ménager la plante, mais, comme nous l'avons expliqué page , elles produisent à ce point de vue de très bons effets ; le prix des basses qualités d'alfa ne supportant pas les droits pour l'exportation, l'exploitant est naturellement porté à ne cueillir que les meilleures feuilles, ce qui ne peut pratiquement se faire qu'aux saisons où la récolte nuit le moins à la plante.

2. — En Tripolitaine, la cueillette est tout-à-fait libre, ainsi que l'exportation de l'alfa, mais il est fortement question, dit-on, d'établir dans ce pays les mêmes taxes qu'en Tunisie.

3. — En Algérie, les peuplements d'alfa sont concédés, dans les terrains domaniaux et communaux, soit de gré à gré, soit surtout par adjudication.

Les baux aujourd'hui sont généralement de cinq, dix, quinze années (sous tacite reconduction).

L'extraction est prohibée à certaines époques de l'année, variables suivant les concessions. Généralement, cette interdiction a lieu du quinze février au quinze mai (trois mois), et dans certaines régions du quinze février au quinze juin (quatre mois).

L'on ne peut commencer chaque année l'exploitation qu'après avoir obtenu de l'administration un permis d'exploiter. Ce permis n'est délivré qu'autant que le concessionnaire est en règle. Toute extraction effectuée avant la délivrance du permis ou pendant la période d'interdiction est considérée comme délictueuse et passible des peines prononcées par le code pénal (art. 475, page 5), sans préjudice des dommages et intérêts qui peuvent en résulter.

L'alfa ne peut être exploité que par voie d'arrachement, sans qu'on puisse faire usage d'instruments tranchants qui auraient pour résultat de déraciner la touffe ou d'abîmer les gaines.

Telles sont les principales dispositions du cahier des charges en ce qui concerne la protection de la plante (1).

(1) Modèle d'un cahier des charges pour l'exploitation de l'alfa sur les communaux de parcours de la commune mixte de X.

Art. 1er. — L'objet de la location et le droit de l'exploitation de l'alfa sur les terrains communaux de parcours de la commune mixte de X pour une période de cinq, dix et quinze ans à partir de....... aux clauses et conditions du présent cahier des charges et sous tacite reconduction.

Art. 2. — Le droit d'exploitation de l'alfa partira dans les communaux ci-après désignés, numéros d'ordre, situation, désignation des communaux, numéros du plan, superficie.

Art. 3. — L'exploitation de l'alfa est interdite du quinze février au quinze juin de chaque année.

Art. 4. — Cette location est consentie moyennant un versement à la caisse de M. le Receveur des contributions diverses faisant fonction de receveur municipal de la commune mixte de X., en deux termes égaux d'une redevance annuelle de   dont

En cas de retard de paiement les intérêts 5 0/0 courront de plein droit......
La résiliation pourra en outre être prononcée par M. le Préfet au conseil de préfecture sur la proposition de M. l'administrateur-maire.

Art. 5. — Le locataire ne pourra commencer chaque année son exploitation, qu'après avoir obtenu de l'admininistration un permis d'exploiter. Ce permis lui sera délivré tout autant que les termes échus de la redevance annuelle auront été versés intégralement, etc.....

Art. 6. — Toute extraction effectuée avant la délivrance du permis d'exploiter ou pendant la période d'interdiction, sera considérée comme délictueuse et passible des peines prononcées par le code pénal (article 475, p. 15), sans préjudice des dommages et intérêts qui peuvent en résulter.

Art. 7. — L'alfa sera exploité par voie d'arrachement.

Art. 8. — Les indigènes des douars communes conservent sur les communaux loués le droit de parcours pour leurs bestiaux, le droit de chasse s'ils sont munis de permis), ainsi que celui d'exploiter les quantités d'alfa nécessaires à leurs besoins domestiques, telles que nattes, cordes, couffins, etc., mais il leur est interdit d'exploiter l'alfa qui serait destiné à la vente. Ils auraient aussi le droit d'arracher sur les communaux le bois à feu et les racines nécessaires pour leur usage.

Art. 9. — La commune mixte se réserve aussi le droit de louer aux indigènes ayant droit les enclaves cultivables qui peuvent exister sur les communaux. Les locataires de ces parcelles ne pourront toutefois opérer aucun nouveau défrichement sur les terrains à alfa.

Art. 10. — Dans le cas où la commission mixte viendrait au cours de la location à aliéner tout ou partie des terrains loués, il sera fait à l'adjudicataire une réduction de loyer proportionnelle aux surfaces aliénés et après expertise contradictoire ; mais le locataire ne pourra prétendre qu'au remboursement de ce qu'il aura payé à la commune mixte pour les surfaces aliénées.

Art. 11. — En cas d'incendie partiel ou total survenu par imprudence, ou pouvant être attribué à la malveillance, la commune mixte décline toute responsabilité et le locataire ne pourra prétendre à aucune indemnité.

Art. 12. — La commune mixte décline toute responsabilité quant à la superficie du lot mis en location, quant à la quantité et à la qualité de l'alfa, quant à la garde du terrain qui est exclusivement à la charge du locataire sous le contrôle de l'administration locale et quant aux différends qui peuvent survenir entre riverains, au sujet des voies de communication employées dans l'exploitation des terrains loués.

Art. 13. — Le locataire aura la faculté d'établir pour son exploitation un ou plusieurs chantiers sur les terrains loués. Il sera tenu d'établir autour de ces chantiers et des gourbis servant d'habitation une zône de 30 mètres de largeur complètement dépouillée d'herbes et de broussailles et constamment tenue dans cet état, afin d'éviter la propagation du feu en cas d'incendie. Il sera interdit à lui et à ses ouvriers, sous sa responsabilité, d'allumer des feux en dehors des gourbis ou maisons d'habitation, sous les peines encourues par la loi.

Art. 14. — Le locataire sera tenu d'avoir dans chaque chantier un registre où seront inscrits les noms de tous les individus employés à l'exploitation. Ce registre devra être communiqué, sur leur réquisition, à tous les agents de l'autorité.

Art. 15. — Le locataire, à la fin du bail ou à son expiration en cas de résiliation, ne pourra réclamer aucune indemnité pour les diverses améliorations qu'il aura apportées à l'immeuble (chemins, puits, etc).

. . . .

Art. 18. — Toute interprétation concernant les présentes, de même que toutes contestations relatives aux terrains objet de la location, seront portées devant le conseil de préfecture du département à l'exclusion de toute suite judiciaire. . . . .

ARTICLE 2

Sommaire : Indication des mesures à prendre en
Algérie avec le moins d'entraves possibles à l'exploitation industrielle et aux droits des indigènes.

---

1. — Nous avons longuement discuté déjà cette question complexe et nous n'avons pas la prétention d'avoir
découvert la meilleure réglementation pour ménager
l'alfa, avec le moins d'entraves possibles à l'exploitation
industrielle et aux droits de parcours des indigènes. Les
mesures dépendent du point de vue auquel l'administration se place et nous ne pourrions posséder les moyens
de juger parfaitement cette situation.

Nous nous nous contenterons donc d'indiquer très
sommairement plusieurs systèmes pouvant plus ou
moins bien, à notre avis, réaliser les vœux exprimés.

Système A

2. — Maintien des mesures actuelles notamment :

1° Concessions par lots de commune, baux de cinq,
dix, quinze ans, mode d'arrachage, etc.

2° Interdiction annuelle pendant trois ou quatre mois
au printemps, du quinze février au quinze mai, ou quinze
juin suivant les cas.

Cette suspension annuelle de récolte atténue certainement le dépérissement, mais elle ne conjure pas le danger (1), puisque le même terrain peut être exploité pen-

---

(1) Beaucoup de concessionnaires demandent à résilier des baux de cinq ans,
leurs alfas étant déjà trop appauvris avant la fin de cette première période, mal-

dant quinze années consécutives (et même bien davantage dans certaines grandes concessions) et que les troupeaux des indigènes y ont libre parcours en tout temps.

On ne parviendrait pas à améliorer assez sensiblement la situation en augmentant la durée de la prohibition annuelle et cela entraverait l'exploitation industrielle.

D'un autre côté, nous avons dit que les baux trop courts pouvaient présenter de graves inconvénients.

3. — B. — La méthode actuelle serait cependant susceptible de quelques modifications utiles, nous le croyons du moins :

1° La période de suspension annuelle pourrait être uniforme ; elle serait réduite à sa plus simple expression : on se baserait pour cela sur la végétation moyenne des alfas sur les Hauts-Plateaux. Cette période ne dépasserait pas six mois, du quinze mars au quinze juin ou mieux du premier avril au premier juillet.

2° Les baux seraient de trois, six, neuf, douze, quinze, etc., plutôt que de cinq, dix, quinze années. (page 170).

En cas de dépérissement notable d'une concession (ou d'un ou de plusieurs lots de communaux ou de lots de douar) constaté à la fin de chaque période (1) (en présence d'un inspecteur des forêts par exemple), l'administration, comme elle en aurait le droit, refuserait le permis d'exploiter ou la continuation du bail pour la to-

gré l'interdiction annuelle des récoltes. Du premier février au premier juillet ce serait trop long, industriellement parlant).

Du quinze février au quinze juin, idem.

La période du quinze février au quinze mai finit trop tôt; au 15 juin, c'est même encore un peu trop tôt; les feuilles ne sont pas assez mûres en mai et juin, et l'on ne peut éviter de les arracher en même temps que les anciennes qui ne sont guère plus longues alors. En février et mars, les nouvelles feuilles sont tellement courtes que la poignée ne saisit que les anciennes, et cela a peu d'inconvénients; quand, à cette époque, la terre est détrempée, l'exploitant interrompt de lui-même la récolte afin d'éviter un triage difficile et coûteux.

(1) Chose très facile à constater d...

talité ou seulement une partie de la concession (en procédant dans ce dernier cas par lots de douars partiels autant que possible), afin de laisser reposer, pendant le temps nécessaire, les peuplements épuisés. Ces derniers ne seraient rendus à l'exploitaiion (par permis d'exploiter ou nouvelle adjudication suivant les cas), que lorsqu'ils auraient repris une bonne physionomie (1).

Ceci rentrerait dans notre système de travail par douar partiel, le douar ayant tout intérêt à ménager son lot.

Une objection semble ici se présenter.

Pourrait-on, pratiquement, empêcher le concessionnaire suspendu ou dépossédé de continuer la récolte sur les terrains retenus pour le repos ?

Il nous parait facile, à la seule inspection d'un champ d'alfa, de reconnaître vers quelle époque il a cessé d'être exploité ; donc, le concessionnaire risquerait, en exploitant ou laissant exploiter sans permis, d'encourir les peines sévères prévues au cahier des charges. Il faut bien admettre que l'administration possède des agents de contrôle capables (2).

Avec les mesures précitées, tout concessionnaire sérieux, quelque peu soucieux de ses intérêts, chercherait sans doute, pour prolonger sa concession, une méthode pratique d'exploitation, ayant pour effet de ménager ses peuplements. Il est possible que, dans ce but. il suive quelques-uns des conseils que, nous donnons dans

(1) Si le bail était résilé pour toute la concession. cette concession pourrait plus tard être remise en adjudication ; s'il s'agissait seulement de quelques communaux ou lots de douars partiels, ceslots, après le repos nécessaire, pourraient être rendus au concessionnaire (par permis d'exploiter) et en général ceux-ci auraient intérêt à en favoriser le repeuplement (si la chose était possible).

(2) En Algérie. les terrains à alfa ne sont pas tous concédés actuellement ; il y en a qui ont cessé de l'être par expiration, résiliation de bail ou par déchéance, etc.

La surveillance administrative est donc aujourd'hui aussi nécessaire qu'elle le serait dans le cas que nous considérons.

ce traité, notamment en ce qui concerne le travail par douar et l'aménagement des terrains pour repos triennal.

3° L'article 8 du cahier des charges cité page 217, note 1, serait modifié quant aux droits de parcours. Il y aurait lieu, autant que possible, d'écarter des alfas les animaux, au moins les chameaux et les chèvres, du quinze février au quinze juin.

4° Certaines mesures pourraient également être prises au sujet de l'incinération, en hiver, des touffes épuisées qui ne donnent plus que des produits de qualité inférieure, incinération ayant pour but de régénérer la vigueur des rhizômes pour les années suivantes. Cette opération demanderait à être pratiquée avec certaines précautions, afin de ne pas incendier les jeunes touffes et le peuplement tout entier.

4. — C. — Enfin rappelons ici pour mémoire, le système fiscal adopté en Tunisie, nous avons expliqué ses défauts : mais avec une taxe bien calculée, combiné avec une bonne réglementation des concessions et quelques-unes des mesures citées plus haut, il pourrait peut être donner au jour la meilleure solution de la question.

En résumé, la réglementation doit être simple et se borner au strict nécessaire, pour ne pas tuer l'industrie alfatière.

On serait bien près d'arriver à une exploitation rationnelle de l'alfa si les exploitants pouvaient être convaincus du bénéfice que leur assurerait l'exploitation en saison convenable au point de vue de la quantité et de la qualité du produit ; ils acquerraient cette conviction s'ils s'habituaient à trier leur alfa d'après la qualité et s'ils comparaient la proportion des qualités supérieures suivant l'époque de l'exploitation ; s'ils avaient des chefs de

bascule honnêtes, ils seraient amenés à payer aux cueil-
leurs un prix plus élevé pour l'apport de la marchandise
de choix et ils y gagneraient en même temps que ces
derniers.

Le problème se réduit pour eux à ceci : avec une période de trois à quatre mois, comment se procurer, à la
reprise des travaux, une bonne équipe de manipulateurs
et, autant que possible, celle qu'ils avaient l'année précédente ? A quel travail les occuper pendant le chômage de
l'alfa ? Ne serait-ce pas aux premières préparations industrielles du produit destiné à la sparterie ou à la papeterie, préparations qui se feraient à proximité du lieu de
production avec des appareils peu coûteux ?

ARTICLE 3

Sommaire : Application de ces mesures aux propriétés
particulières.

1. — Les mesures concernant la période annuelle de
prohibition de récolte seraient applicables aux propriétés particulières, comme nous l'avons expliqué Chap. IV. A.
art. 2. (Nous n'avons pas à nous répéter ici). Nous estimons, en outre, que la plupart des autres mesures propres à la préservation de la plante pourraient être appli-
quées en principe à ces propriétés (dans une certaine limite), lorsque ces propriétés comprendraient des alfas
assez denses, d'une étendue assez importante et dont la
conservation serait reconnue nécessaire (1) :

1° Au maintien des terres sur les pentes.

2° A la protection, à la consolidation des dunes, à la
fixation des sables.

3° Aux reboisements.

4° A certains pâturages.

(1) Le propriétaire serait dispensé de ces dernières mesures, s'il exécutait, dans
sa propriété, des travaux agricoles ou autres reconnus susceptibles de rendre
plus de services généraux que l'alfa.

FIN

www.ingramcontent.com/pod-product-compliance
Lightning Source LLC
LaVergne TN
LVHW020647200726
843508LV00002B/688